DIE KLIMAFRAGE

Natürliche Kreisläufe, menschliche Einflüsse, Zukunftsperspektiven

Eelco J. Rohling

Ins Deutsche übersetzt von Rolf von Pander

AF792299

Frieling

„Die Klimafrage“ wurde ursprünglich 2019 in englischer Sprache veröffentlicht. Die Übersetzung wird nach Vereinbarung mit der Oxford University Press verlegt. Der Frieling-Verlag ist alleinig für die Übersetzung des Originalwerks verantwortlich. Die Oxford University Press übernimmt keine Haftung für etwaige Fehler, Auslassungen, Ungenauigkeiten oder Ambiguitäten der Übersetzung und trägt keine Verantwortung für Verluste, die womöglich durch das Vertrauen auf die Übersetzung ausgelöst werden.

The Climate Question was originally published in English in 2019. This translation is published by arrangement with Oxford University Press. Frieling Verlag is solely responsible for this translation from the original work and Oxford University Press shall have no liability for any errors, omissions or inaccuracies or ambiguities in such translation or for any losses caused by reliance thereon.

© Oxford University Press 2019

Bibliografische Information der Deutschen Nationalbibliothek
Die Deutsche Nationalbibliothek verzeichnet diese Publikation in der Deutschen Nationalbibliografie; detaillierte bibliografische Daten sind im Internet über http://dnb.d-nb.de abrufbar.

© Frieling Verlag • Eine Marke der Frieling & Huffmann GmbH & Co. KG
Rheinstraße 46, 12161 Berlin
Telefon: 0 30 / 76 69 99-0
www.frieling.de
Bildmaterial (Cover): pixabay
ISBN (Print): 978-3-8280-3597-3
ISBN (E-Book): 978-3-8280-3598-0
1. Auflage 2021
Sämtliche Rechte vorbehalten
Printed in Germany

Für Mom, Dad, und all die anderen, die mir am Herzen liegen, für ihre Unterstützung, während ich zum Klimawandel geforscht und darüber geschrieben habe. Für meine Mentoren Jan-Willem Zachariasse und Peter Westbroek, die mich von Beginn an auf diesem Weg geleitet haben, und für meine Söhne Ewout und Yarno, voller Hoffnung, dass deren Generation unseren Planeten wieder großartig machen wird; wir haben nur einen.

INHALT

DANKSAGUNG

Ich bin meiner Familie sehr dankbar dafür, dass sie mein Nichtvorhandensein und die unsoziale Zeit toleriert hat, die ich hinter einem Laptop oder im Traumland in meinem eigenen Kopf verbracht habe. Außerdem danke ich allen Freunden und Kollegen, die mich stets drängten, über die Fachgemeinschaft hinauszugehen, und dann das Projekt mit mir diskutierten, bis die Formalitäten auf das notwendige Maß reduziert waren. Ich werde keine Namen auflisten – ihr wisst alle, wer ihr seid und was ihr beigetragen habt. Ich bin meinen Lektoren, dem Verleger und den Kritikern sehr dankbar für ihre unbezahlbaren Hinweise während des Vervollständigungsprozesses des Manuskripts. Zum Schluss danke ich meinen Eltern und meinem Bruder für ihre uneingeschränkte Unterstützung all meiner Entscheidungen, egal wie irrational sie aussahen, mehr als ein halbes Jahrhundert lang – möge es noch lange so bleiben!

[1]

EINLEITUNG

Im Jahr 2015 überschritt das Jahresmittel des globalen atmosphärischen Kohlendioxidgehalts (CO_2) 400 Teile pro Million (ppm; Abbildung 1.1), und wir wissen sehr gut, dass dieser Anstieg durch menschliche Aktivitäten verursacht ist (Abbildung 1.2). Es war das erste Mal nach drei Millionen Jahren, dass solch ein Niveau erreicht worden war. Das Überschreiten dieses Gehalts hat eine weit verbreitete Besorgnis unter Klimawissenschaftlern und nicht zuletzt unter den sogenannten Paläoklimatologen hervorgerufen, die auf dem Gebiet natürlicher Klimaschwankungen zu prähistorischen Zeiten, noch vor dem Menschenzeitalter, arbeiten.

Während der letzten Jahrzehnte haben Forscher wiederholt davor gewarnt, dass CO_2-Emissionen, zusammen mit Emissionen anderer Treibhausgase, dabei seien, gefährlich außer Kontrolle zu geraten und dass dringende Abhilfemaßnahmen benötigt würden. Mit der Überschreitung der 400-ppm-Schwelle hat dieser Handlungsdruck einen Höhepunkt erreicht: Bei dem „Conference of Parties 21"-Treffen in Paris – auch bekannt als COP21 oder „2015 Paris Climate Conference" – wurde eine weitgehende internationale politische Einigung erreicht, um die globale Erwärmung auf ein Maximum von 2°C, und zum Ende dieses Jahrhunderts möglichst auf 1,5°C, zu beschränken. Wenn man dies ausrechnet, schließt dies eine gesellschaftliche Verpflichtung ein, bereits lange vor 2050 mit Null-Netto-Kohlenstoffemissionen zu arbeiten – einhergehend mit der Entwicklung und großskaligen Anwendung von Methoden der CO_2-Entfernung im Klimasystem. (Wissenschaftler konzentrieren sich auf Kohlenstoffemissionen (C), wenn sie über Emissionen sprechen, da dies bei der Berechnung von CO_2-Änderungen hilft, die durch die Bearbeitung bestimmter Volumen/Massen von fossilen Brennstoff-Kohlenwasserstoffen erzeugt werden.) Natürlich ist die Herausforderung enorm, zumal es, selbst, wenn alle seit der COP21 getroffenen Zusagen umgesetzt würden, der Erwärmung immer noch erlauben würde, etwa 3°C bis zum Jahr 2100 zu erreichen. Aber dessen ungeachtet war die Übereinstimmung bahnbrechend. Es war ein Zeichen der Hoffnung, des Optimismus und internationaler Motivation, den Klimawandel in Angriff zu nehmen.

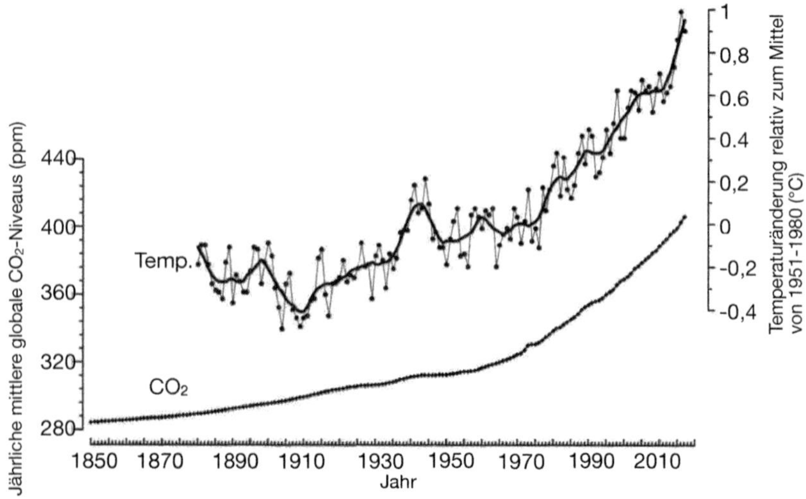

Abbildung 1.1. Historische Änderungen klimatischer Schlüsselfaktoren. Unten: Jahresmittel der globalen CO_2-Gehalte (i). Oben: Durchschnittliche globale Oberflächentemperatur (ii). Im Temperatur-Schaubild zeigt die dicke Linie die langfristige Änderung bei Glättung kurzfristiger Schwankungen. Die Temperatur-Entwicklungen im Laufe der Zeit sind hochgradig ähnlich zwischen sechs unabhängigen Begutachtungen, von denen einige Daten von 1850 an einschließen (iii).

i. https://www.co2.earth/historical-co2-datasets

ii. https://data.giss.nasa.gov/gistemp/graphs/

iii. http://berkeleyearth.org/global-temperatures-2017/

Darüber hinaus gibt es Bedenken über die festgelegten COP21-Ziele. Erstens mögen die vorgeschlagenen 2°C- oder 1,5°C-Grenzen für die Vermeidung „gefährlicher" Klimafolgen gut klingen, aber es gibt keine genaue wissenschaftliche Grundlage, speziell diese Zahlenwerte auszuwählen (*Notiz 1*). Zweitens, die implizierte „Ende des Jahrhunderts"-Fristsetzung ist ein willkürlicher Zeitpunkt. Es ist nicht so, als ob die laufenden Klimaänderungen zu dieser Zeit stoppen werden, selbst wenn es uns gelänge, alle Emissionen zu stoppen. Stattdessen wird sich die Änderung fortsetzen, da sich bekannte langsame Vorgänge im Klimasystem an die ursprünglichen Störungen anpassen, die in der jüngsten Geschichte beobachtet wurden (Abbildung 1.1). Diese langsamen Prozesse schließen die Erwärmung der Ozeane (zuerst der Oberfläche, dann auch der Tiefsee), was viel mehr Zeit als die Erwärmung über Landmassen benötigt, sowie den Rückgang der globalen Kontinentaleismassen und der Vegetationsänderungen ein.

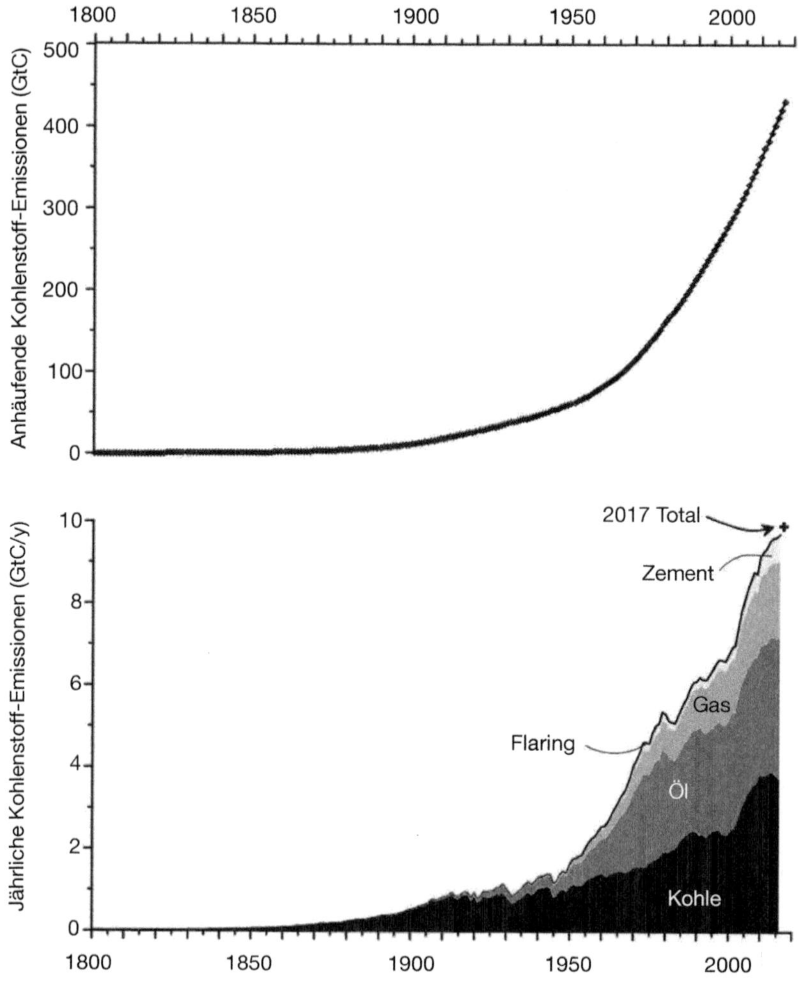

Abbildung 1.2. Kohleemissionen durch menschliches Handeln. Unten: Jährliche Kohlenstoffemissionen der vorherrschenden anthropogenen Prozesse (iv, v). Oben: Kumulative Kohlenstoffemissionen; d. h., die Summe aller vorhergehender Jahre. GtC steht für Gigatonnen Kohlenstoff, wobei eine Gigatonne eine Milliarde (eintausend Millionen) metrische Tonnen ist. Die Aufgliederung von 2017 war noch nicht freigegeben gewesen, aber die

Gesamtzahl konnte anhand von Beobachtungen geschätzt werden. Um die Emissionen zu CO_2 in Beziehung zu setzen, benutze 1 GtC = 3,67 Gt CO_2 und beachte, dass eine Anhäufung von 2,12 GtC in der Atmosphäre einen CO_2-Anstieg von 1 ppm bedeutet. Daher zeigt das obere Schaubild, dass wir bis heute etwa 430 GtC emittiert haben oder knapp unter der zweifachen Menge von CO_2, die wir mit dem etwa 120-ppm-Anstieg in atmosphärischen CO_2-Niveaus berechnen würden (Abbildung 1). Der Rest ist meist von den Ozeanen absorbiert worden (Abschnitt 4.1).

iv. BP statistical review of world energy, June 2017. https://www.bp.com/content/dam/bp/en/corporate/pdf/energy-economics/statistical-review-2017/bp-statistical-review-of-world-energy-2017-full-report.pdf

v. Hansen, J., Kharecha, P., Sato, M., Masson-Delmotte, V., Ackerman, F., Beerling, D., Hearty, P.J., Hoegh-Guldberg, O., Hsu, S.-L., Parmesan, C., Rockstrom, J., Rohling, E.J., Sachs, J., Smith, P., Steffen, K., Van Susteren, L., von Schmuckmann, K., and Zachos, J.C., Assessing „dangerous climate change": Required reduction of carbon emissions to protect young people, future generations and nature. PLoS ONE, 8, e81648, doi:10.1371/journal.pone.0081648, 2013.

Gleich einem mächtigen Güterzug, der langsam Fahrt aufgenommen hat, werden diese langsamen Prozesse über Zeiträume von Jahrhunderten bis zu Jahrtausenden fortfahren sich zu entfalten, und dabei verursachen, dass die gesamte globale Erwärmung viele Jahrhunderte lang weiterhin zunimmt. Zum Beispiel verursachen langsam ansteigende Temperaturen der Ozeane – die etwa siebzig Prozent der Erdoberfläche bedecken –, dass die globale Durchschnittstemperatur dahin kriecht, während die allmähliche Reduzierung des Eisvolumens dafür sorgt, dass der Planet langsam aber sicher einfallendes Sonnenlicht weniger reflektiert und dadurch weitere Erwärmung verursacht. Vegetationsveränderungen beeinflussen auch das Erdrückstrahlvermögen, sowie den natürlichen Kohlenstoffaustausch mit der Atmosphäre und so weiter. Was wir hier sehen, ist, dass das Klimasystem ein komplexes Biest ist, das Atmosphäre, Ozean und Biosphäre und all die Austauschprozesse zwischen ihnen einschließt. Über noch längere Zeiträume hat das Klimasystem sogar wichtige Austauschprozesse mit ozeanischen Sedimenten, durch Ablagerungen entstandenen Felsen und vulkanischen Prozessen.

Wegen der langsamen Vorgänge wird sich jede Klimareaktion gemessen am Jahr 2100 über die folgenden Jahrhunderte grob verdoppeln, selbst wenn es keine weiteren Emissionen geben würde (*Notiz 2*). Um die längerfristige Erwärmung unter 2°C zu halten, müssten wir deswegen die Erwärmung auf maximal 1°C bis 2100 begrenzen. Übrigens haben wir den 1°C-Wert bereits 2015 überschritten (relativ zum vorindustriellen Wert; Abbildung 1.1) und fortlaufende Treibhausgasemissionen sowie globale Reduzierungen partikularer Luftverschmutzung werden uns wahrscheinlich innerhalb weniger Jahrzehnte über den 2°C-Schwellenwert treiben, (*Notiz 3*). Es scheint, wollen wir wirklich die vereinbarten COP21-Ziele erreichen, dann wird die Kohlenstoffentfernung aus dem Klimasystem unerlässlich sein. Dies könnte mittels natürlicher Prozesse, künstlicher (menschengemachter) Prozesse oder mittels beider zusammen erreicht werden.

Dieses Szenario veranschaulicht, wie viel von der Klima-Debatte in einer sehr einfachen Frage zusammengefasst werden kann: *Was entscheidet über natürliche Klimakreisläufe und was kann die Natur in Zukunft tun*, versus, *was ist die menschliche Einwirkung aufs Klima, und was können wir in Zukunft tun?*

Dieses Buch untersucht die Frage aus einer wissenschaftlicher Perspektive auf vergangene Klimata bzw. aus einer paläoklimatischen Forschungsperspektive heraus. Paläoklimatische Forschung ist wesentlich für das Verständnis darüber, was Natur tun kann. Konkret ausgedrückt, benötigen wir paläoklimatische Forschung, um die längerfristigen Folgen von CO_2-Gehalten von 400 ppm und mehr zu sehen, da man bis zu drei Millionen Jahre zurückgehen muss, um eine frühere Periode mit solch hohen CO_2-Gehalten zu finden. Zusätzlich wirft diese Forschung Licht auf das Ausmaß der gegenwärtigen Problematiken bezüglich Änderungen, die sich ereigneten, bevor es Menschen gab – mit anderen Worten, sie offenbart den Zusammenhang mit natürlichen Kreisläufen, die von menschlichen Einwirkungen überlagert sind. Und schließlich helfen uns paläoklimatische Studien zu verstehen, in welchem Umfang uns die Natur mit der Kohlenstoffentfernung helfen oder nicht helfen kann, indem sie deren zahlreiche diesbezügliche Prozesse sowie deren Handlungszeiträume offenlegen. Auf diese Weise liefern paläoklimatische Studien wichtige Informationen über den Umfang der Herausforderungen, mit denen wir uns konfrontiert sehen.

Ich habe etwa dreißig Jahre lang in der Paläoklimatologie gearbeitet, und meine Geschichte ist eine, die die meisten meiner Kollegen wiedererkennen werden. Sobald wir erwähnen, dass wir am Klimawandel aus einer Perspektive von Änderungen arbeiten, die stattfanden, lange bevor der Mensch die Bühne betrat, sind wir einer Flut von Fragen ausgesetzt. Meistens scheinen diese Befragungen darauf abzuzielen, Bestätigungen zu drei in enger Beziehung zueinander stehenden Äußerungen zu erhalten. Diese sind (1), dass Menschen unmöglich das globale Klima ändern können; (2), dass all das, was heute passiert, nur Teil eines natürlichen Zyklus ist; und (3), dass, selbst wenn wir etwas Einfluss hätten, die Natur größere Klimazyklen durchgemacht hat und daher das Problem auf irgendeine Weise lösen wird.

Für mich scheinen diese Fragen auf einer Annahme oder Hoffnung zu basieren, dass sich die Dinge irgendwie von selbst lösen werden. Aber es ist schwierig, genaue Antworten bezüglich der Grundlage dieser Annahme zu erhalten. Es scheint große Verwirrung in den Köpfen darüber zu herrschen, welche Prozesse eine Rolle spielen, wie stark und schnell sie wirken, wie sie zusammenarbeiten und in welchem Größenverhältnis der menschliche Einfluss relativ zu diesen Prozessen steht.

Die erste Quelle der Verwirrung scheint zu sein, dass die Welt solch ein großer Ort ist, dass sich die Bevölkerung nicht vorstellen kann, dass Menschen auch nur vorgeben könnten, sie weltweit zu beeinflussen. Aber dies ist eindeutig ein Fehler. Mit einiger Überlegung werden die meisten verstehen, dass wir einen Rekord an Beeinträchtigung einiger grundsätzlicher Fragen auf globaler Ebene haben. Und für manche von ihnen hat die Erkenntnis, dass dies der Fall ist, zu erfolgreichen Handlungen zur Behebung der Schäden geführt. Ein gutes Beispiel betrifft stratosphärische Ozonkonzentrationen, die infolge der Freisetzung von Kühlmitteln und Gasen, die Spritzmittel unter Druck setzen, reduziert wurden, und unsere UV-Belastung und damit das Risiko von Hautkrebs vergrößerten. Sowie dies erkannt war, wurden weltweite Abhilfemaßnahmen vereinbart und die Situation ist nun dabei, sich zu verbessern. Ein anderes Beispiel ist kommerzieller Walfang. Sowie erkannt war, dass bald kein Wal mehr in den Weltmeeren übrig sein würde, wurden breit gefächerte internationale Maßnahmen unternommen, und nun ist die Zahl der Wale dabei, sich langsam zu erholen. Und dann gibt es den Fall von Bleiverunreinigung durch Zusatzstoffe in Benzin und Lacken. Sowie dies als Problem erkannt war, wurden Alternativen entwickelt und nun ist Bleiverunreinigung stark reduziert. Wenn Sie darüber nachdenken, dann werden Sie mehr gute Beispiele finden, viele mit dem Nachweis, dass kollektive internationale Maßnahmen zu Verbesserungen führen können und werden. Warum sollte es mit dem Klima anders sein?

Eine zweite Ursache für die Verwirrung scheint zu sein, dass die meisten Leute unseren menschlichen Einfluss nicht im richtigen Zusammenhang mit natürlichen Änderungen sehen können. Sie wissen nahezu intuitiv, dass die Natur – vor dem Menschenzeitalter – durch viel größere Extreme gegangen ist als die, über die wir hinsichtlich des modernen Klimawandels sprechen, von Eiszeiten bis hin zu den warmen Klimata mit dichter Vegetation zur Zeit der Dinosaurier. Aber der nächste Schritt, ein Gefühl zu entwickeln für die Relevanz unseres menschlichen Einflusses im Zusammenhang mit diesen weitreichenden natürlichen Änderungen, verlangt einiges an Studium und Mathematik.

Unglücklicherweise sind viele der Kernaussagen, die gründlich studiert werden müssen, breit gestreut in der Literatur, obgleich viele gute Zusammenfassungen mit einiger Mühe gefunden werden können. Die meisten Leute fühlen sich auch – was sehr wichtig ist – unzureichend qualifiziert oder haben einfach nicht den Ehrgeiz, nachzurechnen. Vieles davon kommt daher, dass sich ein Mythos entwickelt zu haben scheint, dass man hochentwickelte Klimamodelle benötigt und alles haargenau verstehen muss, bevor eine sachkundige Meinung erreicht werden kann. Dies ist einfach nicht wahr, solange das Ziel ist, lediglich ein gutes Gefühl für unseren Einfluss zu bekommen (es ist dagegen wahr, wenn auf genaue Vorhersagen abgezielt wird). Das Thema mag im Detail hochkomplex sein, aber das große Ganze ist recht überschaubar. Die meisten Rechnungen, die für einen angemessenen Eindruck benötigt werden, sind nicht komplizierter als jene, die notwendig sind, um die Haushaltskasse auszugleichen.

Aus der Erfahrung bei Feiern, Meetings, Flügen, Zugfahrten und Interviews habe ich gelernt, dass die meisten Leute recht entspannt sind bei einfachen Rechnungen, die das Hauptanliegen eines Arguments zusammen mit einfachsten Schaubildern und Diagrammen illustrieren, die ich für gewöhnlich auf Papierservietten und -tischdecken zeichnete (und einmal auf eine hochwertige Textilserviette). Ich habe lange in Erwägung gezogen, diese Argumente in einem Text auszubreiten, der allen zugängig ist, die offen für eine kleine Herausforderung sind. Es brächte eine Reihe von Aspekten in einen zusammenhängenden, beispielreichen Ablauf und vermiede Details. Dieses Buch ist das Ergebnis.

Die allgemeine, überblicksartige Annäherung, die ich in diesem Buch vornehme, steht ein wenig im Konflikt mit meinem wissenschaftlichen Hintergrund. Details, Vorbehalte und Ungewissheiten sind wesentliche Grundlage für Studenten und Experten in diesem Gebiet. Folglich haben wir uns daran gewöhnt, diese über all unsere Kommunikationswege zu verbreiten. Aber im Alltag trüben sie nur die Aussage. Die meisten von uns erfassen das Konzept von Motorflügen hinreichend genug, um sich einer Flugreise erfreuen zu können, ohne die verwendete Flugelektronik und die Aerodynamik zu verstehen, und wir überlassen dies gerne den Piloten und Ingenieuren. Auf ähnliche Weise kann sich jeder durch einfache Darstellung des großen Ganzen eine vernünftige und sachkundige persönliche Meinung über die aktuelle Lage des Klimas bilden.

Das große Ganze bezieht sich auf den Zusammenhang von in der Realität gemachten Beobachtungen, die den gesamten Fall und dessen besondere Tragweite unmittelbar darstellen. Dies ist das Niveau, das ich hier suche, während ich die Verwechslung von Modellen und deren verschiedener wissenschaftlicher Grundlagen und Annahmen vermeide, trotz der Tatsache, dass sie absolut notwendig für technische Argumentationen sind. Daher stützt sich dieses Buch stark auf Beobachtungen der Erdgeschichte, die die meisten Menschen intuitiv nachvollziehen können. Es unterrepräsentiert das tiefe Prozessverständnis, das von der Klimamodellierung herrührt, da diese Detailgenauigkeit hier nicht benötigt wird. Dies ist lediglich eine pragmatische Entscheidung – wie man zu sagen pflegt: „Für jeden Topf den richtigen Deckel."

Dieses Buch zielt darauf ab, den Leser die ganze Reise hindurch zu führen: Von ersten Grundlagen über zentrale Prozesse und langfristigen Beobachtungskontext bis hin zu Auswirkungen. Es gibt viele Texte, die einen oder mehrere dieser Aspekte abdecken, aber nicht viele umfassen die ganze Reise in einer präzisen Weise, ohne zu viele Vorbehalte und Details. Und immer noch wütet die Klimadebatte weiter – und die alten Argumente über die natürliche Veränderlichkeit treten weiterhin auf.

Hier ist also mein Versuch, Sie die ganze Reise hindurch mit leicht verständlichen Ausdrücken, mit minimalen Verkomplizierungen zu führen. Ich füge Diagramme hinzu, die sich, – ähnlich meinen Argumenten – bewusst nur auf die Hauptpunkte konzentrieren, um diese den Diagrammen gemäß zu gestalten, die ich zur Unterstützung meiner Argumente oft auf Servietten zeichne. Ich untermauere den Text und die Diagramme mit Quellenangaben zu anderswo veröffentlichter wissenschaftlicherer und vollständigerer Informationen.

Mein Ziel ist es, Sie, den Leser, zu befähigen, Ihre eigenen sachkundigen Entscheidungen darüber zu fällen, ob wir Maßnahmen hinsichtlich der Treibhausgasemissionen ergreifen müssen. Ich hoffe, dieses Buch wird in einfachen Ausdrücken und mit Beispielen die notwendigen Hintergrundinformationen liefern, um Sie davon zu überzeugen.

Mir persönlich ist klar, dass wir eine kritische Zeit erreicht haben, um Maßnahmen zur Veränderung unserer Gesellschaft zu ergreifen – um unsere Kohleabhängigkeit zu überwinden. Zukünftige Generationen könnten uns weiterhin als umweltschädigende Dinosaurier betrachten, aber ich hoffe, es werden die letzten Menschen sein, die schließlich realisierten, was passieren würde und Maßnahmen ergriffen, um es zu verhindern. Lassen Sie uns schauen, ob Sie am Ende dieses Buches mit mir übereinstimmen oder nicht. Zumindest werden die Argumente für alle sichtbar transparent aufgeführt sein.

Das zentrale Thema, dem wir uns zuwenden werden, ist der wissenschaftlich unbestrittene globale Temperaturanstieg von ungefähr 1°C seit Beginn der Industriellen Revolution vor mehr als 150 Jahren, wobei sich die meiste Erwärmung auf die letzten sechs Jahrzehnte konzentriert (Abbildung 1.1). Mehrere unabhängige Kontrollen der globalen Temperaturänderung stehen in enger Abstimmung (*Notiz 4, und iii* von Abbildung 1.1), und alle zeigen nahezu Jahr für Jahr rekordverdächtige Hitze in den letzten vier Jahren. Das Jahr 2016 übertraf alle vorhergehenden Jahre weit, dicht gefolgt von den Jahren 2017 und 2015 (Abbildung 1.1). Es lässt sich nicht leugnen, dass es einen starken Erwärmungstrend gibt, obgleich die Erderwärmung mal stagnieren, mal schneller fortschreiten mag wegen Schwankungen der Wärmeverteilung zwischen Atmosphäre und Ozean. Beim Vergleich dieses starken Trends mit CO_2-Änderungen über dasselbe Zeitintervall (Abbildung 1.1) ist es einfach, voreilige Schlüsse zu ziehen. Lassen Sie uns das vermeiden: Unser Ziel hier ist es, uns eine unvoreingenommene persönliche Meinung zu bilden. Hierfür werden wir die grundlegenden Abläufe des Klimasystems betrachten und daraus ableiten, was passieren könnte, warum dies der Fall sein könnte, was wir dagegen tun könnten und ob die Natur irgendwelche Mechanismen bereithält, die uns bei der Lösung helfen könnten.

Angesichts der Tatsache, dass paläoklimatische Rekonstruktionen nichts sind, was einem jeden Tag begegnet, beginne ich mit einem Kapitel über die grundlegenden Techniken, die in diesem Wissenschaftszweig verwendet werden.

Dann nähern wir uns dem Problem des Klimawandels über erste Prinzipien an, indem wir die Energiebilanz der Erde betrachten (wieviel Energie kommt hinein gegenüber wieviel geht hinaus), was letztendlich die Oberflächentemperatur des Planeten bestimmt.

Es folgt ein Blick aus einer natürlichen Perspektive auf die Haupttriebkräfte der Änderung in der Energiebilanz der Erde. Wir werden sehen, dass Treibhausgase wie CO_2 und Methan (CH_4) zwangsläufig bestimmend in dieser Debatte sind.

Dem folgt eine Diskussion darüber, warum sich Klimaänderungen vor menschlicher Aktivität ereignet haben, wie umfangreich diese Änderungen waren, wie schnell die Änderungen stattfanden und wie sich das System erholte. Dies hilft uns zu verstehen, wie schnell natürliche Prozesse jegliche Treibhausgas- und Klima-Probleme „reparieren“ könnten.

Dann schauen wir, was wir über menschliche Einflüsse wissen. Woher wissen wir, dass heutige Treibhausgaszunahmen von uns verursacht worden sind statt Teil eines natürlichen Zyklus zu sein? Wie stark werden sie das Klima beeinflussen? Wie schnell ist der menschliche Einfluss im Verhältnis zu natürlichen Zyklen? Kann die Natur die menschliche Einwirkung verkraften? Kurz, unter der Voraussetzung, dass ein verbessertes Verständnis natürlicher Zyklen vorhanden ist, lautet die zielgerichtete Frage: *Scheint es wahrscheinlich zu sein, dass wir nur Teil eines natürlichen Zyklus sind und dass die Natur uns irgendwie retten und dem Problem entgegenwirken kann?*

Am Ende eines jeden Kapitels wird ein kurzer Abschnitt stehen, der die Kernpunkte als Grundlage für das nächste Kapitel zusammenfasst.

[2]

VERGANGENE KLIMATA

Wie wir unsere Daten erhalten

De facto ist die Forschung zu vergangenen Klimata bekannt als Paläoklimatologie, und die Forschung zu Ozeanen der Vergangenheit als Paläoozeanographie. Aber sie stehen in sehr dichter Beziehung, und wir werden beide kombiniert diskutieren unter dem Ausdruck Paläoklimatologie. Innerhalb der Paläoklimatologie sind die Interessen auf drei Kernbereiche verteilt.

Der erste Bereich befasst sich mit der Datierung von Nachweisen aus sehr entfernter Vergangenheit und wird als chronologische Studien bezeichnet. Diese Studien sind grundlegend, weil alle Aufzeichnungen vergangener Klimaänderung erfordern, so genau wie möglich datiert zu werden, um sicherzustellen, dass wir wissen, wann sich die untersuchten Klimaänderungen ereigneten, wie schnell sie waren und ob in verschiedenen Komponenten des Klimasystems gesehene Änderungen sich zur selben Zeit oder zu unterschiedlichen Zeiten ereigneten.

Der zweite Bereich befasst sich mit Beobachtungsstudien, wobei die Beobachtungen unterschiedlicher Art sein können. Einige sind direkte Messungen; zum Beispiel Sonnenflecken-Zählungen oder Temperaturaufzeichnungen. Einige sind historisch, schriftliche Aufzeichnungen empirischer Belege wie Berichte über häufiges Vorkommen von gefrorenen Flüssen, Fluten oder Trockenzeiten. Solche Aufzeichnungen sind sehr lokal und oft subjektiv und taugen daher für gewöhnlich nicht als Hauptbelege. Aber sie können große Unterstützung und Bewertung zu Rekonstruktionen anhand anderer Hilfsmittel bieten.

Neben direkten und vereinzelten Daten begegnen wir dem vorherrschenden Nachweis-Typ, der in diesem Wissenschaftszweig Anwendung findet. Dies sind die sogenannten Proxy-Daten oder *Proxies.* Proxies sind indirekte Messungen, die sich Änderungen in wichtigen Klima-System-Variablen wie Temperatur, CO_2-Konzentrationen, Nährstoffkonzentrationen und so weiter annähern (daher die Bezeichnung *Proxy*). Dieses Kapitel beschreibt kurz einige der wichtigsten Proxies.

Der dritte Bereich innerhalb der Paläoklimatologie befasst sich mit Modellierung. Es benutzt numerische Modelle für Klimasystem-Simulationen und einfachere Kategorien der sogenannten Box-Modelle. Numerische Klimamodelle erstrecken sich von Erdsystem-Modellen, die relativ ungenau sind und deswegen eingesetzt werden können, um Simulationen viele Tausende Jahre lang durchzuführen, bis hin zu sehr komplexen und verfeinerten gekoppelten Modelle, die rechnerisch sehr aufwendig sind und so sehr detaillierte aber nur für kurze Zeitintervalle geeignete Simulationen liefern. Box-Modelle sind viel einfacher und schneller durchzuführen und sie werden am meisten für die Modellierung von Kohlekreisläufen genutzt oder von anderen geochemischen Eigenschaften.

Die verschiedenen Bereiche innerhalb der Paläoklimatologie ergänzen einander und stehen in ständiger Wechselwirkung: Modellergebnisse werden zu den eigentlichen Daten in Bezug gesetzt, und Interpretationen von Beobachtungen werden mit Hilfe von Modellen auf physikalische Stimmigkeit untersucht. Oft sind dort mehrere solcher Zyklen einbezogen, von der ersten Entdeckung von etwas bis zur Präsentation überzeugenderer Rekonstruktionen. Auf diese Weise dringt der Wissenschaftszweig in seiner Erkenntnis allmählich vorwärts. Während der letzten fünfzig bis sechzig Jahre hat der Wissenschaftszweig die Mechanismen hinter dem großen Ganzen der Änderung in vergangenen Klimata erfolgreich identifiziert. Die Arbeit an Verbesserungen und präzisen Verfeinerungen geht weiter.

Die Arbeit wird gemäß einer etablierten Tradition durchgeführt, bei der Ausgangshypothesen formuliert und anschließend kritisch getestet und geprüft werden. Die ursprünglichen Hypothesen werden auf diese Weise abgelehnt oder akzeptiert. Dann folgen Formulierungen neuer Hypothesen, wenn die ursprünglichen abgelehnt wurden oder die Ausgangshypothesen werden verfeinert und auf den neuesten Stand gebracht. Dann startet dieser Arbeitsablauf erneut. Dies ist der normale Vorgang, durch den die Wissenschaft in einer sorgfältigen, kontrollierten und selbstkritischen Weise voranschreitet.

In diesem Buch will ich Modellergebnisse nicht besonders erörtern. Dies sollte nicht als ein Zeichen verstanden werden, dass Modellbildung nicht wichtig sei. Diese Schlussfolgerung würde ein schwerwiegender Fehler sein. Modellbildung ist wesentlich um zu verstehen, wie das System arbeitet, da Modelle physikalisch und chemisch auf viel konsequentere Weise gleichbleibend sind als Interpretationen einzelner Beobachtungen. Aber Modelle können für Nicht-Fachleute auch sehr verwirrend sein wegen der großen Vielzahl an Modellen, die existieren, alle mit verschiedenen Leistungsfähigkeiten und Einschränkungen. Darum habe ich mich dazu entschieden, meine Erläuterungen zu machen, indem ich nur einfache Zahlen nutze und Bezug auf relevante vergangene (Proxy-)Beobachtungen nehme, die sich bewährt haben. In Wirklichkeit, sind viele der Konzepte und Interpretationen, die ich erörtern will, parallel zu beobachtungsbasierter aus modellbasierter Forschungsarbeit hervorgegangen und wurden dadurch verfeinert. Der Weg, den ich gewählt habe, um die Dinge anzugehen, ist einfach, transparent und verständlich zu bleiben. Jede weiterführende Literatur wird sofort erfordern, in Modellstudien einzutauchen. Außerdem bezieht sich meine Hervorhebung empirischer Nachweise (Daten und Proxy-Daten) auf die häufig geäußerte Bemerkung *„zeige mir die Daten."*

In diesem Kapitel gebe ich einen Überblick über die Hauptmethoden, durch die wir Daten über Ozeane der Vergangenheit und vergangene Klimata erhalten. Die Auflistung ist nicht vollständig, da es viel mehr an wichtigen Methoden gibt, aber die wichtigsten Herangehensweisen werden präsentiert. Ich umgehe historische Messungen und schriftliche Nachweise von Klimaänderung. Letzten Endes ist für alle recht offensichtlich, wie lange Temperaturmessungs-Zeitreihen der Admiralität oder eines meteorologischen Dienstes erhalten worden sein könnten und wie sie genutzt werden könnten, um etwas über historische Klimazustände zu sagen. Stattdessen konzentriere ich mich auf Proxy-Aufzeichnungen über längere Zeiträume, da sie unsere Erkenntnisse über vergangene Klimata in vorhistorischer Zeit formen.

Die natürlichste Unterteilung von Proxy-Aufzeichnungen für vergangene Klimaänderung ist bezüglich der besonderen Lage (a) aus dem Eis; (b) vom Land; (c) aus den Ozeanen. Ich füge aus zwei Gründen einen speziellen Abschnitt für Rekonstruktionen des Meeresspiegels und des globalen Eisvolumens hinzu. Erstens, weil das Eisvolumen solch ein kritisches Maß des Klimazustands ist und zweitens, weil ich es so mag. Dies ist es, woran ich jeden Tag arbeite.

2.1 DATEN AUS DEM EIS

Die großen kontinentalen Eisschilder in Grönland und der West- und Ost-Antarktis haben lange genug existiert, um relativ ungestörte Aufzeichnungen zu liefern, die sich über sehr lange Zeitspannen erstrecken. Bohrkerne aus dem Grönland-Eisschild haben hochwertige kontinuierliche Klimaaufzeichnungen ergeben, die sich vom gegenwärtigen Tag bis in die Zeit vor nahezu 125 000 Jahren erstrecken. Was die West-Antarktis betrifft, gehen solche Aufzeichnungen etwas weniger als das zurück. Bei der Ost-Antarktis reichen die Aufzeichnungen 800 000 Jahre oder sogar eine Million Jahre zurück (Abbildung 2.1).

Es war für eine sehr lange Zeit von in Eis und Schnee gegrabenen Löchern bekannt gewesen, dass es dort eine deutliche Schichtung gibt, die aus jahreszeitlichen Zyklen der Schneeanhäufung resultiert. Das Gewicht von sich neu anhäufendem Schnee presst ältere Schichten in eine viel kompaktere Form, zunächst Firn und dann Eis genannt. In dem Maße, in dem der Druck tiefer und tiefer im Eisschild zunimmt, werden die jährlichen Schichten dünner und dünner zusammengepresst, bis die unteren Teile der Schichten zu dünn sind, um ausgemacht zu werden.

Wo die verschiedenen Schichten in Eiskernen, die die ganze Dicke (mehrere Kilometer) des Inlandeises durchbohrt haben, erkannt und gezählt werden können, geben sie den Eiskernen sehr genaue Alterseinteilungen, ein wenig wie beim Zählen von Baumringen, aber dann als ein Hinunterzählen von Jung zu Alt. In den unteren Bereichen der Eiskerne, wo die jährliche Schichtung nicht länger erkannt werden kann, wird eine andere Annäherung benötigt. Hier kommt die Eis-Modellbildung ins Spiel. In den oberen Bereichen sind die Eismodelle auf die bestimmten Wiederholungsmuster der Schichten abgestimmt und dann werden sie weiter unten für eine Erweiterung der Altersskala über dem Bereich angewandt, wo die Schichtung nicht länger erkennbar ist. Die Datierung der unteren Teile hat größere Unsicherheitsfaktoren zum Ergebnis als die Datierung in dem Intervall, wo es die Schichtung gibt. Es gibt für diese Anwendung viele unterstützende Techniken wie die Nutzung von Asche-Überbleibseln, gefangen im Eis aus datierten vulkanischen Ereignissen, und der Gebrauch der Aufzeichnungen bestimmter elementarer Isotope, die unter der Wechselwirkung von kosmischer Strahlung mit der oberen Atmosphäre der Erde gebildet werden. Weitere Informationen über diese technischen Methoden erhält man am besten in der geeigneten Fachliteratur (*Notiz 6*).

In Firn und Schnee gibt es Lufttaschen, die sich weiterhin mit der Atmosphäre austauschen. Aber durch das zusammengedrückte Eis werden die Lufttaschen isoliert und können sich nicht länger mit der Atmosphäre austauschen. Innerhalb des Eises gibt es daher Blasen, die wie Miniatur-Zeitkapseln die konservierte Atmosphäre einer längst vergangenen Zeit enthalten. Diese Blasen können analysiert werden, um detaillierte Daten über vergangene atmosphärische Zusammensetzungsänderungen zu erhalten, einschließlich vergangener Konzentrationen von CO_2 und CH_4 (Abbildung 2.1) (*Notizen 7, 8, 9, 10*).

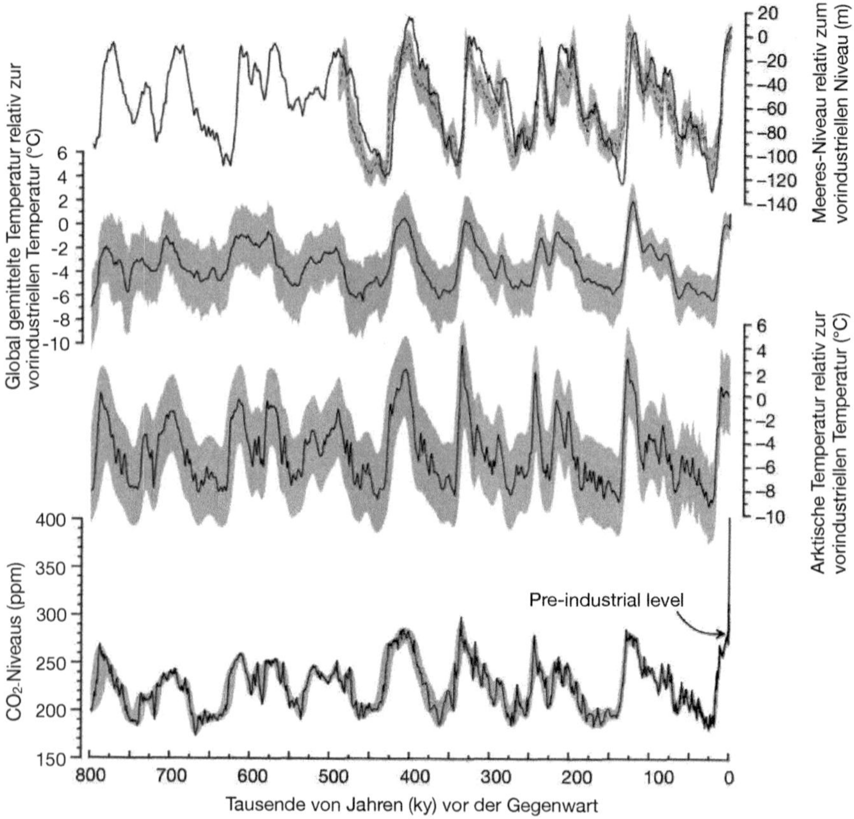

Abbildung 2.1. Wesentliche Klimaindikatoren für die vergangenen 800.000 Jahre. Unten: CO_2-Schwankungen während der Eiszeit-Zyklen der letzten 800 000 Jahre, gemessen in eingefangenen Luftbläschen in Eiskernen der Antarktis und der extrem schnelle Anstieg auf 400 ppm seit dem Beginn der Industriellen Revolution (i,ii,iii,iv,v,vi). Erstes Schaubild darüber: Antarktische Temperaturänderungen in Bezug zur Vorindustrialisierung (vii,viii). Zweites Schaubild darüber: Globale Temperaturänderungen vor der Industrialisierung (ix). Oberstes Schaubild: Meeresspiegeländerungen in Bezug zur Vorindustrialisierung (schattiert die Rote-Meer-Methode meiner eigenen Gruppe (x); die durchgehende Linie basiert auf Tiefsee-

Isotopen (xi)). Einige Altersunterschiede zwischen Aufzeichnungen kann es als Resultat verschiedener Datierungsmethoden geben. Wo grau schattierte Streifen vorliegen, repräsentieren diese 95 Prozent Vertrauensintervalle; in anderen Worten zeigen sie, wie gut wir das Signal kennen. Einige Studien, wie im obersten Schaubild, versäumen es, diese zu erwähnen.

i. Monnin, E., Indermühle, A., Dällenbach, A., Flückiger, J., Stauffer, B., Stocker, T. F., Raynaud, D. und Barnola, J. M.: Atmospheric CO_2 concentrations over the last glacial termination. Science, 291, 112-114, 2001.

ii. Monnin, E., Steig, E. J., Siegenthaler, U., Kawamura, K., Schwander, J., Stauffer, B., Stocker, T. F., Morse, D. L., Barnola, J. M., Bellier, B., Raynaud, D. und Fischer, H.: Evidence for substantial accumulation rate variability in Antarctica during the Holocene, through synchronization of CO_2 in the Taylor Dome, Dome C and DML ice cores. Earth and Planetary Science Letters, 224, 45-54, 2004.

iii. Schmitt, J., Schneider, R., Elsig, J., Leuenberger, D., Lourantou, A., Chappelaz, J., Köhler, P., Joos, F., Stocker, T. F., Leuenberger, M. und Fischer, H.: Carbon isotope constraints on the deglacial CO_2 rise from ice cores. Science, 336, 711-714, 2012.

iv. Schneider, R., Schmitt, J., Koehler, P., Joos, F. und Fischer, H.: A reconstruction of atmospheric carbon dioxide and its stable carbon isotopic composition from the penultimate glacial maximum to the last glacial inception. Climate of the Past, 9, 2507-2523, 2013.

v. Landais, A., Dreyfus, G., Capron, E., Jouzel, J., Masson-Delmotte, V., Roche, D. M., Prié, F., Caillon, N., Chappellaz, J., Leuenberger, M. und Lourantou, A.: Two-phase change in CO_2, Antarctic temperature and global climate during Termination II. Nature Geoscience, 6, 1062-1065, 2013.

vi. Ahn, j. und Brook, E. J.: Siple Dome ice reveals two modes of millennial CO_2 change during the last ice age. Nature Communications, 5, 3732, doi:10.1038/ncomms4723, 2014.

vii. Stenni, B., Masson-Delmotte, V., Selmo, E., Oerter, H., Meyer,H., Röthlisberger, R., Jouzel, J., Cattani, O., Falourd, S.,Fischer, H. und Hoffmann, G.: The deuterium excess records of EPICA Dome C and Dronning Maud Land ice cores (East Antarctica), Quaternary Science Reviews, 29, 146-159, 2010.

viii. Parrenin, F., Masson-Delmotte, V., Köhler, P., Raynaud, D., Pullard, D., Schwander, J., Barbante, C., Landais, A., Wegner, A und Jouzel, J.: Synchronous change of atmospheric CO_2 and Antarctic temperature during the last deglacial warming. Science, 339, 1060-1063, 2013.

ix. Snyder, C. W.: Evolution of global temperature over the past two millions years. Nature, 538, 226-228, 2016.

x. Grant, K. M., Rohling, E. J., Bronk Ramsey, C., Cheng, H., Edwards, R. L., Florindo, F., Helop, D., Marra, F., Roberts, A. P., Tamisiea, M. E. and Williams, F.: Sea-level variability over five glacial cycles. Nature Communications, 5, 5076, doi: x.1038/ncomms6076, 2014.

xi. Spratt, R. M. und Lisiecki, L. E.: Late Pleistocene sea level stack. Climate of the Past, 12, 1079-1092, 2016.

Mittlerweile kann auch das Eis selbst analysiert werden und drei seiner Eigenschaften haben besondere Wichtigkeit. Die ersten zwei sind bekannt als Sauerstoffisotopenverhältnis und Wasserstoffisotopenverhältnis von gefrorenen Wassermolekülen. Isotope irgendeines Elements sind dahingehend erkennbar unterschiedlich, als dass sie dieselbe Anzahl von Protonen in ihrem Kern haben, aber unterschiedliche Neutronenzahlen. Moleküle (wie H_2O) zusammengesetzt aus verschiedenen Isotopen haben daher ganz kleine unterschiedliche Massen. Trotz der winzigen Unterschiede in der Masse, Moleküle mit gewissermaßen leichteren Isotopen sind ein wenig reaktiver als jene mit gewissermaßen mächtigeren Isotopen. Infolge solcher Effekte während Kondensation oder Gefrieren von Wolken-Wasserdampf, um Schnee (Eis) zu bilden, sind die Wasserstoffisotopenänderungen hinlänglich verstandene Aufzeichner der Temperatur, bei der sich der Schnee bildete. Als ein Ergebnis davon geben uns Zeitreihen von Sauerstoff- und Wasserstoffisotopenanalysen von Eiskernen einen detaillierten Einblick in die Änderungen der polaren Temperaturen durch die Zeit (Abbildung 2.1).

Ein kritisches drittes Messverfahren aus Eiskernen betrifft Daten von wind-verblasenem Staub. Diese können auf verschiedenen Wegen erhalten werden, indem man entweder konservierte Staubpartikel oder gelöste Staub-Ionen im Eis betrachtet. Zu Eiszeiten war die Welt unfruchtbarer und trockener (weniger Vegetation) und es gab erhöhte Konzentrationen von in der Atmosphäre herumgeblasenem Staub. Diese Staubfahnen sind bedeutsam für das Klima, da sie natürliches Aerosol repräsentieren, die die Strahlungs-Energie-Bilanz des Klimas beeinflussen. Zusätzlich befruchtet das Eisen in den Staubfahnen die Ozeane und führte dabei zu einer vergrößerten Algenproduktion, die half, den CO_2-Gehalt zu verringern, wenn das tote Algenmaterial in die Tiefsee sank.

Es gibt viele zusätzliche interessante und bedeutsame Proxy-Daten von Eiskernen, die wir hier aber nicht benötigen. Eiskern-Studien bieten detaillierte Daten mit guter Alterskontrolle und haben sich so zu einigen der wichtigsten Informationsquellen über Klimaänderungen der letzten 800 000 Jahre entwickelt. Leider gibt es kein gut erhaltenes Eis aus älteren Zeiten.

2.2 DATEN VOM LAND

An erster Stelle stehen bei landbasierten, oder terrestrischen, Aufzeichnungen für die Erforschung vergangenen Klimawandels Stalagmiten in Kalksteingebieten, die aus Calciumcarbonat gemacht sind. Das Tropfwasser, aus dem sie sich entwickeln, entsteht durch die Filtration von Regenwasser durch Spalten im sich darüber befindenden Kalkstein. Die Hauptdaten, die aus Höhlenablagerungen gewonnen werden, betreffen Datierungen, als die Ablagerungen wuchsen (es gab Wasser) und als sie nicht wuchsen (die Höhle war trocken) und Sauerstoffisotopenverhältnisse.

Sauerstoffisotopenverhältnisse von Tropfwasser, die im Calcit (*Kalkspat, eines der in der Mineralstruktur unterschiedlichen Calcium-Karbonate* (*$CaCO_3$*)) des Stalagmiten gespeichert sind, sind von zwei Haupteinflüssen betroffen. Zum einen hängen sie mit dem Sauerstoffisotopenverhältnis des Wassers zusammen, das zugunsten von Niederschlag verdunstet war – das sogenannte Quellwasser. Zum anderen spiegelt es die Änderung des Sauerstoffisotopenverhältnisses im Wasserdampf wider zwischen dem Zeitpunkt, als es erst verdunstet war und dem, als es dann zu Niederschlag führte. Diese Änderung ist in quantitativ vorhersehbarer Weise durch Temperaturänderungen in der Atmosphäre (besonders in mittleren bis hohen Breitengraden) und von der Stärke der Niederschlagsereignisse (bekannt als Mengeneffekt; besonders in niedrigen bis mittleren Breitengraden) beeinflusst.

Das Tropfwasser transportiert auch gelösten Kohlenstoff und das Kohlenstoffisotopenverhältnis darin, welches wiederum im Calciumcarbonat der Stalagmiten gespeichert ist, ist ein Maß von Kohlenstoff in dem Bodensystem, durch das Regenwasser hindurchgefiltert ist. Dies ist von Vegetationsänderungen beeinflusst. Somit helfen die Kohlenstoffisotopenwerte auch dabei, Niederschlagsmengen und Temperatur zu rekonstruieren, jedoch auf komplexe und nicht so einfach messbare Weise (*Weg für Bestimmbarkeit der Zahlenwerte*).

Calciumcarbonat von Stalagmiten kann durch den Gebrauch radioaktiven Zerfalls der Elemente in der sogenannten Uran-Zerfallsreihe sehr präzise datiert werden (*Notizen 11,12,13*). Solche Datierungen und die Proxy-Messmethoden werden oft in großer Zahl der Länge nach die Mitte der Stalagmiten entlang vorgenommen. Auf diese Weise können gut datierte Aufzeichnungen von hinlänglich verstandenen Proxies gemacht werden, die uns sehr viel über Klimaänderungen zu Land sagen. Höhlenablagerungen haben die meisten Informationen für Zeiträume, die jünger als etwa 250 000 Jahre sind, beigetragen, aber verbesserte Datierungsmethoden sind dabei, diese weiter zurückzuschieben. Viel ältere Stalagmiten können erforscht werden, und sind erforscht worden, aber diese können nicht präzise datiert werden.

Baumjahresringe bieten ein anderes, vielbenutztes terrestrisches Archiv für Paläoklimainformation. Diese wunderbar ausgeprägte Reihe von Ringen wird sichtbar, wenn ein Baumstamm durchgeschlagen wird oder ein Bohrkern von außen zur Mitte des Baumstamms entnommen wird. Sie sind jahreszeitliche Wachstumsringe, der jüngste am Außenrand und der älteste im Zentrum. Wenn man die Ringe zählt, erhält man eine detaillierte Schätzung des Baumalters. Durch die Nutzung von Bäumen unterschiedlichen Alters (sie können mit der Radiokohlenstoffmethode datiert werden) und die Betrachtung der Ringdickenmuster können Kombinationen aus Baumringzählungen und Dickevariationen vieler einzelner Bäume derselben Art gemacht werden. Auf diese Weise sind durch die Datennutzung von sowohl lebenden als auch fossilen Bäumen gemischte Reihen konstruiert worden, die bis etwa 11 500 Jahre durchgehend zurückreichen.

Die strenge jährliche Alterskontrolle, die durch das Zählen von Baumringen erzielt wurde, ist benutzt worden, um die Radiocarbondatierung zu prüfen und zu verfeinern. Dies hat im großen Maße die Genauigkeit der Datierungen von der sehr verbreitet benutzten Radiokohlenstoff- oder ^{14}C-Datierungsmethode vorangetrieben. Neben ausgezeichneter Alterskontrolle haben Baumringstudien auch viele Informationen über regionale

Klimabedingungen ergeben, da Baumringweiten und -dichten Maße regionaler Temperatur- und Niederschlagsbedingungen sind (*Notiz 14*).

Auf diese Weise sind sehr schöne, gut datierte Aufzeichnungen von gut erforschten Proxies gemacht worden, die uns sehr viel über Klimaänderungen zu Land vor etwa 11 500 Jahren, aber insbesondere in den letzten 2 000 Jahren erzählen.

Sedimentkerne aus Seen spielen gleichfalls eine wichtige Rolle in Studien der Paläoklimatologie. Die Sedimentschichten am Grunde vieler Seen weltweit sind mit unterschiedlicher Ausrüstung durchbohrt worden (und unter einer Vielzahl herausfordernder Situationen – einer meiner Kollegen erzählte mir einmal eine interessante Geschichte über ein Nilkrokodil, das sich verliebte oder sich auf andere Weise erregte aufgrund eines kleinen Schlauchboots mit Außenborder …, während die Forscher darin waren). Sedimente bauen sich auf durch schrittweise Ablagerung durch Aushöhlung, von biologischen Überbleibseln, von hineingeblasenem Staub durch die Winde, Ablagerung von vulkanischer Asche, und so weiter. Besonders Seen höherer Breitengrade zeigen oft feine Schichtungen im Sediment, die jahreszeitliche Ablagerungszyklen widerspiegeln. Wie Baumringe können diese Schichten, bekannt als Varven (*engl. varves = Jahre repräsentierende dünne Schichten im Sediment*), von oben nach unten gezählt werden, um eine sehr präzise Alterskontrolle zu erhalten (*Notizen 15,16*).

Zusätzlich zu Varvenzählungen wird Radiokohlenstoff oft verwendet, um eine Alterskontrolle zu erhalten, aber es funktioniert nur in den jüngsten zurückliegenden 50 000 Jahren, und zusätzliche Alterskontrolle wird bei der Nutzung vulkanischer Ascheablagerungen von chemisch identifizierbaren Vulkanausbrüchen erhalten. Auf diese Weise haben viele Aufzeichnungen von Seen eine sehr strenge Alterskontrolle, obgleich diese bei anderen sehr schwach sein kann. Bei der Erforschung von Seen zahlt es sich aus, nach einem mit jahreszeitlich geschichteten Sedimenten zu suchen. Ein Spezialfall unter „Seen“ ist das Tote Meer, das aktuell sehr salzhaltig ist – etwa zehnmal salziger als der Ozean. Dort bedeuten spezielle

Umstände, dass hochdetailliertes Datieren mit der radiometrischen (*Radioaktivität messenden*) Uran-Zerfallsreihenmethode möglich ist, und diese ausgezeichnete Alterskontrolle ist kombiniert worden mit hoch detaillierten Studien über Seespiegeländerungen, um eine klimatologisch wertvolle Messung von Änderungen in der regionalen Netto-Verdunstung anzubieten (*Notizen 17,18,19*).

Die meisten Datensätze von Seen erstrecken sich über mehrere zehntausende von Jahren in die Vergangenheit, während sich gelegentlich Datensätze hunderte von tausenden von Jahren zurück erstrecken können. Die langjährigen Aufzeichnungen sind oft nicht mit jahreszeitlichen Schichten versehen und können somit Datierungsprobleme ergeben, aber datierte vulkanische Ascheschichten innerhalb der Seeablagerungen liefern die Möglichkeit, Verbesserungen in dieser Hinsicht zu machen. Es gibt auch Unterstützung durch erdmagnetische Polaritätsänderungen in den Sedimenten, die in Beziehung gesetzt werden können zu datierten vulkanischen Felsen, die dieselben Änderungen im erdmagnetischen Feld aufzeichnen.

Bodenkerne von Seen sind gewöhnlich Gegenstand einer großen Vielfalt von Analysen. Diese Analysearten schließen das Zählen von Pflanzenpollen und -sporen ein, um Vegetationsänderungen rund um den See zu studieren; Analysen stabiler Isotope von Karbonaten und organischem Material in den Sedimenten, um Niederschlagsänderungen, Temperaturänderungen und Änderungen von biologischen Prozessen zu studieren; organische Biomarker-Molekülcharakterisierungen, um zu sehen, was im See lebte und um Temperaturaufzeichnungen zu erhalten; und eine große Menge an Studien von Fossilen und Mikrofossilen, um das Leben im See zu rekonstruieren und die Bedingungen, die es kontrollierten. Zusätzlich hat es viele Studien gegeben, die Seespiegeländerungen größenmäßig bestimmten und datierten, die als Messungen von trockenem oder nassem Nettozustand genutzt werden.

Weitere Klimainformationen können durch auffällige Landformen erhalten werden. Die bestbekannten Beispiele sind glaziale Landformen und insbesondere Hügel und Rücken aus Material, das vom Eis entlanggeschoben wurde. Diese sind bekannt als Moränen. Insbesondere Endmoränen, die entlang der äußeren Ränder von Eisstraßen und Gletschern abgelagert sind, erzählen uns viel über das Klima. Endmoränen können datiert werden durch Benutzung der Daten in ihnen oder der unter ihnen beerdigt liegenden Daten, und sie haben einen faszinierenden Einblick in die Variationen der nordamerikanischen und europäischen Eisschilder während der Eiszeiten gegeben.

Moränen sind besonders zur Erforschung der letzten Eiszeit geeignet, da sich die letzte Eiszeit vor etwa 20 bis 25 000 Jahren ereignete und deren Zeugnisse somit mit der Radiokohlenstoffmethode datierbar sind, und auch deshalb, da Landformen früherer Eiszeiten weitgehend vom Eis der letzten Eiszeit überzogen und zerstört worden sind. Dies in Verbindung mit vielen anderen Forschungsansätzen hat erkennen lassen, dass Nordamerika während der letzten Eiszeit von einem Eisschild bedeckt war, das größer war als das Eisschild über der gesamten Antarktis und dass es ein Eisschild von etwa einem Drittel dieser Größe über dem nördlichen Eurasien gab.

Andere detaillierte Informationen kommen von Gebirgsgletschermoränen, die offenbart haben, dass diese Gletscher die Berge während der letzten Eiszeit etwa 1 000 Meter, an einigen Stellen mehr als 1 500 Meter weiter hinunterkamen als sie es heute tun (*Notizen 20,21*). Dies gibt uns wertvolle Informationen über die Temperaturänderung mit der Höhe in der Atmosphäre, was ein starker Indikator des globalen Klimazustands ist. Gebirgsgletschermoränen sind außerdem ausführlich zur Erforschung von Klimavariationen innerhalb der gegenwärtigen Wärmeperiode (dem Holozän) von vor 11 500 Jahren bis in die Gegenwart genutzt worden. Gebirgsgletscherveränderungen sind eine der paläoklimatischen Proxies, die eine noch unzureichend verstandene Beziehung zwischen Holozän-Klimaveränderlichkeit mit längeren Perioden von Sonnenfleckenvariationen wie die Sonnenfleckenminima der kleinen Eiszeit zeigen (*Notiz 22*).

Es gibt viel mehr hochspezialisierte terrestrische Methoden in der paläoklimatischen Forschung, deren Erörterung würde über den Umfang dieses Buches hinausgehen. Aber ich werde zwei der namhaftesten aufführen, um diesen Teil über terrestrische Aufzeichnungen abschließend zusammenzufassen.

In Ablagerungsplätzen, wo pflanzliche Blätter oder ihre Wachshüllen gut fossilisiert sind, haben Forscher die sogenannte Stomata-Dichte erforscht, die misst, wie viele Stomata auf jedem Quadratzentimeter der Blattoberfläche gesehen werden. Stomata sind wie Poren in den Blättern und die Pflanze benutzt sie, um ihren Gas- und Wasserdampfaustausch mit der Atmosphäre zu regulieren. Basierend auf Studien moderner Pflanzen- und Laborexperimente wurde herausgefunden, dass die Stomata-Dichte entscheidend von atmosphärischen CO_2-Konzentrationen bestimmt wird. Daher haben Forscher fossile Blätterbeschichtungen von gut datierten Sedimentbereichen benutzt, um vergangene CO_2-Änderungen zu rekonstruieren (*Notizen 23,24*).

Eine andere, relativ neue Technik benutzt Blattwachs, um vergangene Niederschlagsverdampfungsbedingungen zu rekonstruieren. Blattwachs besteht aus organischen Beschichtungen, die von hoher Widerstandskraft gegen Verfall sind. Bei Verfall eines Blattes kann das Blattwachs vom Wind umhergeblasen oder sogar von Flüssen transportiert werden und sich in Ablagerungen auf dem Grund von Seen oder dem Meeresgrund anhäufen. Einfach ausgedrückt: Nachdem erst einmal die Blätter-Wachs-Verknüpfungen von den Proben isoliert worden sind, können ihre Wasserstoffisotopenverhältnisse analysiert werden. Diese Verhältnisse sind starke Indikatoren der regionalen Niederschlagsverdampfungsbedingungen in dem Gebiet, in dem die Pflanze wuchs (*Notizen 25,26,27*).

2.3 DATEN AUS DEN OZEANEN

Die Ozeane sind eine Schatzkiste an Informationen über vergangene Klimaänderungen. Der Meeresboden ist bedeckt mit übereinanderliegenden Sedimentschichten. Durch Bohrungen können wir Informationen vergangener Beschaffenheiten aufdecken. Zuoberst ist die jüngste Materie und wir erreichen immer ältere Materie je tiefer wir bohren. Meeressedimentkern-Betrachtungen verraten uns viel über vergangene Klimata, da der Ozean integraler Bestandteil des Klimasystems ist.

An den meisten Stellen im offenen Ozean häufen sich Sedimente mit einer Rate von etwa 1 bis 4 Zentimetern pro tausend Jahre an, aber an außergewöhnlichen Orten hoher Anhäufung können sich Sedimente bis zu einem Meter oder mehr pro tausend Jahre anhäufen. Eine normale Bohrausrüstung kann zwischen 10 und 30 Metern Sedimentkernsäulen freisetzen, und Spezialbohrausrüstung, die auf gewöhnlichen Forschungsschiffen verwendet wird, kann etwa 70 Meter tief reichen. Und dann gibt es ein Tiefseebohrsystem, welches die maximale Sedimentkerngewinnung auf mehrere hundert Meter ausdehnt (bis hin zu zwei Kilometern in die Tiefe, einschließlich der ozeanischen Kruste): Dieses System ist das Tiefseebohrprojekt (DSDP), das oft neu benannt worden ist und nun *International Ocean Discovery Program* (IODP) genannt wird. Diese Ozeanbohrprogramme haben kontinuierlich Bohrkerne aus dem Ozean geliefert, die sich mit den gegenwärtig rekordältesten Sedimenten, die etwa 170 Millionen Jahre alt sind, viele Millionen Jahre in die Vergangenheit zurückerstrecken.

Haben wir erstmal einen Sedimentkern an Bord, müssen wir uns mit dem Alter der Materie auseinandersetzen. Innerhalb der letzten 50 000 Jahre ist dies relativ einfach, da wir diese jungen Ozeansedimente mit der Radiokohlenstoffmethode datieren können. Für ältere Intervalle wird es schwieriger. Dort benutzen wir eine Reihe von Methoden. Zunächst sind magnetische Polarisationsänderungen in den Sedimenten anzuwenden, wie auch oben für See-Aufzeichnungen erläutert. Zweitens werden bekannte und datierte evolutionäre Umstellungen in maritimer Fauna und

Flora genutzt, die sich auf Studien von Fossilen und Mikrofossilen innerhalb der Sediment-Aufzeichnung beziehen. Drittens verwenden wir zyklische Variationen in Sauerstoffisotop-Aufzeichnungen, die ursprünglich durch andere Techniken datiert worden sind. Viertens verfeinern wir die Alterskontrolle, wofür wir gute in Größenverhältnisse ausgedrückte Beziehungen der Sauerstoffisotopenzyklen mit astronomischen Änderungen im Erdklima nutzen, die im nächsten Kapitel erörtert werden.

Die vierte Stufe wird „astronomisches Tuning" der Altersskalen genannt (*Notizen 28,29,30,31,32*). Die Methode ist entwickelt und benutzt worden für unabhängige Sätze von Annahmen für den offenen Ozean, wo Eisvolumen-Annahmen benutzt werden und für das Mittelmeer, wo Monsunvariabilitäts-Annahmen benutzt werden. In beiden Rahmen ist der Befund über die letzten paar hunderttausend Jahre bewertet worden mit den Beziehungen zwischen Ozean-Aufzeichnungen und den mit Strahlungsmessungen datierten Höhlen-Stalagmiten-Aufzeichnungen bei den Rändern der Becken, und über längere Perioden unter Nutzung datierter vulkanischer Ascheausfällungen innerhalb der Meeressedimentfolgen. Zusätzlich sind sehr genaue Tests auf Zeitskalen angewandt worden, die auf astronomischem Tuning basierten. Über die letzten vergangenen fünf oder sechs Jahrzehnte ist diese Methode angewandt, getestet, adjustiert, getestet worden und so weiter; dies ist so viele Male gemacht worden, dass die besten astronomisch abgestimmten Altersmaßstäbe nun überraschend genau sind und ihnen großes Vertrauen zugeordnet wird. Auf diese Weise können wir zum Beispiel wissen, wie schnell sich eine große Kohlenstoff-Isotop-Exkursion (CIE) vor etwa 56 Millionen Jahren entwickelte und wie schnell ihr Kohlenstoff „gereinigt" wurde. Übrigens ist diese Datierungsmethode so genau, dass wir sicher sagen können, dass sich die CIE von vor 56 Millionen Jahren wegen einer sehr schnellen anfänglichen Kohlenstoffinjektion in das Klimasystem innerhalb weniger tausend Jahre ereignete, während die Erholung des Klimasystems etwa 200 000 Jahre in Anspruch nahm.

Nun verstehen wir den Zeitrahmen des Sedimentkerns. Als nächstes wollen wir die Umgebungs- und Klimaänderungen charakterisieren, die in ihm aufgezeichnet sind. Das erste Proxy, das gewöhnlich in der maritimen Paläoklimaforschung angewandt wird, betrifft Isotopenaufzeichnungen von stabilem Sauerstoff. Diese werden an Karbonat-Mikrofossilien gemessen und haben sich zum Rückgrat der Erforschung maritimer Sedimentkerne entwickelt. Nahezu alles andere ist von diesem Rahmenwerk abhängig.

Wir waren zuvor kurz stabilen Isotopen begegnet, aber hier benötigen wir etwas mehr Details. Die Technik betrifft Messungen des Verhältnisses der stabilen Sauerstoffisotope (^{16}O und ^{18}O, *mit 16 bzw. 18 Kernteilchen von Protonen und Neutronen*) in maritimen Mikrofossilschalen. Aus Isotopen unterschiedlicher Masse gemachte Moleküle zeigen leicht unterschiedliche chemische Reaktionsraten und diese Raten sind wiederum temperaturempfindlich. Daher ist das Verhältnis der Sauerstoffisotope in mikrofossilen Schalen eine Funktion von vergangenen Temperaturen, aber es spiegelt auch vergangene Sauerstoffisotopenverhältnisse von dem Seewasser wider, in dem die nun fossilisierten Organismen lebten. Vergangene Seewasser-Sauerstoffisotopenverhältnisse sind wiederum eine Funktion von globalem Eisvolumen, der Niederschlagsverdunstungsbilanz über dem Wasser, als es in Berührung mit der Atmosphäre war und der Vermischung zwischen unterschiedlichen Wassermassen mit unterschiedlichen Sauerstoffisotopenverhältnissen (*Notiz 33*). Es ist nicht einfach, diese verschiedenen Einflüsse zu entwirren, aber intensive Arbeit der Forschungsgemeinschaft hat das meiste von diesem Problem gelöst, unter Nutzung paralleler, unabhängiger Messungen einiger Einflüsse mit anderen Proxys, so dass ihre Effekte abgezogen werden können. Bemerkenswert ist, dass Seewasser-Temperatureinflüsse unter Nutzung der Magnesium-Calcium-Verhältnisse entfernt werden können, wie später erläutert wird. Das verbleibende Sauerstoffisotopesignal ist dann einfacher zu verstehen.

Sauerstoffisotopenverhältnisse können an Mikrofossilien von Organismen gemessen werden, die an der Seeoberfläche oder auf dem Meeresboden leben. Alle Materie, einschließlich der von Oberflächenwassern gelieferten, wird mit dem Tod auf den Seeboden sinken, um Teil des Sediments zu werden. Auf diese Weise können wir von einer einzelnen Probe verschiedene Mikrofossilien herausziehen, die etwa zur gleichen Zeit in verschiedenen Tiefen lebten. Dieses Vorgehen erlaubt es uns, zeitgleiche Messungen für verschiedene Tiefen im Ozean zu machen, zum Beispiel können wir Profile der Temperaturänderung mit der Tiefe annähern.

Mikrofossile Sauerstoffisotopenänderungen für die Tiefsee werden von Änderungen in globalem Eisvolumen und der Tiefseetemperatur beherrscht. Letzteres kann auch mit Mg-Ca-Verhältnissen derselben Schalen gemessen werden, die für die Sauerstoffisotopenanalyse genutzt werden, womit die Temperaturkomponente aus den Sauerstoff-Isotopen-Variationen entfernt werden kann. Dies überlässt eine Aufzeichnung, die von globalen Eisvolumenänderungen beherrscht ist – sprich, von Eiszeitalter-Zyklen. Diese Eisvolumenänderungen können in globale Meeresspiegelschwankungen übersetzt werden (Abbildung 2.1).

Mikrofossile Sauerstoffisotopenänderungen für Oberflächenwasser sind eine komplexere Mischung aus Anzeichen für Eisvolumenänderungen, lokalen Niederschlags-Verdunstungsänderungen und Oberflächenwasser-Temperaturänderungen. Die Temperaturkomponente kann wieder entfernt werden durch die Nutzung der Mg/Ca-basierenden Temperaturdaten derselben mikrofossilen Schalen oder durch die Nutzung der Temperaturdaten, die auf organisch-geochemischen Informationen derselben Probe basieren. Die Eisvolumen-Information kann entfernt werden durch die Nutzung der Daten von Tiefsee-Mikrofossilien in denselben Proben (siehe weiter oben in diesem Abschnitt) oder durch die Nutzung anderer Meeresspiegelrekonstruktionen. Somit bleibt die Komponente übrig, die die lokalen Niederschlags-Verdunstungs-Änderungen betrifft, was sehr nützlich ist, um vergangene Klimaänderungen zu bestimmen. Die hierdurch vorgenommenen Schlussfolgerungen bezüglich der lokalen Ausgewogenheit zwischen Niederschlag und Verdunstung können mit unabhängigen Daten beispielsweise von Höhlenstalagmiten auf Inseln in derselben Region geprüft werden oder mit Daten von neuen Techniken wie Wasserstoffisotopenverhältnissen in Pflanzenblätterwachsen eines solchen Gebiets. Wenn mit Proxy-Daten gearbeitet wird, ist es immer wichtig, die Ergebnisse mit anderen, unabhängigen Methoden gegenzuprüfen und zu bewerten.

Das Verhältnis der stabilen Kohlenstoffisotope ^{12}C und ^{13}C wird zur selben Zeit gemessen wie das Verhältnis stabiler Sauerstoffisotope von exakt denselben Mikrofossilien. Das Verhältnis stabiler Kohlenstoffisotope ist eine sehr komplexe Mischung von Anzeichen (*Notiz 33*), und es würde den Rahmen dieses Texts überschreiten, tiefer in die Materie einzusteigen. Nur bei Fällen, in denen sich das stabile Kohlenstoffisotopenverhältnis überall im Hydrosphären-Biosphären-Atmosphären-System aufgrund einer Zuführung von sogenanntem externem Kohlenstoff in dieses System durch die Zersetzung von Methangas-Hydraten (*Glossar*) oder die Verbrennung fossiler Brennstoffe hin zu niedrigeren Werten verschiebt (stärkeres Vorherrschen von ^{12}C), wird dieses Verhältnis ausnahmsweise in diesem Buch erwähnt oder benutzt. Hier bezieht sich externer Kohlenstoff auf Kohlenstoff, der bisher vor Wechselwirkungen mit dem Klimasystem sicher verschlossen war und dann verfügbar gemacht wurde; sei es durch irgendein geologisches Ereignis oder – wie heute – durch menschliche Verbrennung fossiler Brennstoffe.

Die Rekonstruktion von Temperaturänderungen ist für ein Verständnis von Klimaveränderungen wesentlich. Für Tiefseetemperatur-Rekonstruktionen gibt es nur eine bedeutende Proxy-Methode. Sie wendet das Magnesium-Calcium-Verhältnis (Mg/Ca) in Karbonat-Mikrofossilien an. Der große Vorteil des Mg/Ca-Verhältnisses aus Karbonat-Mikrofossilien ist, dass es anhand genau der gleichen Schalen wie das stabile Verhältnis von Sauerstoffisotopen gemessen wird, so dass es dann einfach ist, Korrekturen, die auf Temperaturveränderungen von Mg/Ca basieren, an letzterem vorzunehmen, wie weiter oben erläutert wurde.

Mg entsteht als eine im Ozean gebildete Verunreinigung in $CaCO_3$ (Calcium-Karbonat), und der Grad, zu dem Mg Ca in den Karbonaten ersetzt, ist temperaturabhängig. Diese Temperaturabhängigkeit resultiert höchstwahrscheinlich aus einem Temperatureinfluss auf artspezifische biologische Prozesse in den Organismen, angesichts der Tatsache, dass die

Mg/Ca-Temperatur-Beziehung bei verschiedenen untersuchten Organismen unterschiedlich ist. In jedem Fall können wir Mg/Ca-Verhältnisse nutzen, um Temperaturänderungen auszuwerten, wenn wir immer dieselbe Spezies untersuchen. Um dies zu tun, ist das Mg/Ca-Verhältnis dieser Spezies mittels Gradienten im heutigen Ozean auf die exakte Temperatur geeicht; wir nennen dies eine Bohrkern-Spitze-Eichung. Typische Ungewissheiten liegen etwa bei +/-1°C.

Bei Oberflächentemperatur-Rekonstruktionen gibt es mehr Möglichkeiten. Eine ist die Mg/Ca-Temperaturrekonstruktion unter Benutzung fossiler Karbonat-Schalen von Plankton-Mikrofossilien. Eine andere Technik misst Meeresoberflächentemperatur-Änderungen mit Alkenone genannten organischen, geochemischen Verbindungen, die von winzigen einzelligen Algen, Coccolithophora genannt, herrühren. Chemische Unterschiede in diesen organischen Verbindungen können in einem Verhältnis ausgedrückt werden, das dafür bekannt ist, mit Temperatur zu variieren und das durch Vergleich mit instrumentell gemessenen heutigen Temperaturen quantifiziert werden kann. Die Methode kann anschließend benutzt werden, um die organisch-geochemischen Verhältnisse, die in Probenfolgen aus datierten Sedimentkernen gemessen wurden, in eine Zeitreihe von Meeresoberflächentemperatur-Änderungen zu übersetzen.

Es gibt auch andere Methoden, um die Temperaturänderungen auszuwerten, wie z. B. weitere organisch-geophysikalische Verhältnisse und fossile Anhäufungs-Variationen, aber die Mg/Ca- und Alkenone-Methoden sind die dominierenden Vorgehensweisen geworden. Natürlich bleibt die weitere Entwicklung der anderen Proxys äußerst wünschenswert, da es am Ende besser ist, viele verschiedene Wege der Problemannäherung zu haben, als nur von einem oder zweien abhängig zu sein. Tatsächlich trifft dies auf alle Proxys zu: Wir versuchen immer zusätzliche, unabhängige Methoden zu finden, um mit diesen Ergebnisse zu vergleichen, die Evidenzbasis zu bereichern und um das Vertrauen in die Rekonstruktionen, die gemacht werden, aufzubauen.

Dies bringt uns zu ein paar Proxys, die entwickelt worden sind, um CO_2-Variationen zu untersuchen, die benötigt sind, um die Eiskern-basierte CO_2-Aufzeichnung jenseits ihrer Grenze von vor etwa 800 000 Jahren auszudehnen (Abbildung 2.1). Während der letzten Dekade oder so erfährt der Gebrauch von Borisotopenverhältnissen in Mikrofossilien einen Höhenflug als eines der meist-versprechenden Proxys für die Rekonstruktion des Meeres-pH-Werts, das chemische Maß für den Säuregehalt. Dieses wichtige Maß kann genutzt werden, um gelöste CO_2-Gehalte in der ozeanischen Oberfläche zu berechnen und diese können wiederum genutzt werden, um CO_2-Gehalte in der Atmosphäre zu berechnen.

Die Methode nutzt fossile Karbonat-Schalen von Plankton-Mikrofossilien in aus Meeresboden-Sedimentkernen erhaltenen Proben. Studien konzentrieren sich auf Regionen, wo ozeanische und atmosphärische CO_2-Niveaus heute beobachtet werden, einem Gleichgewicht nahe zu sein; das bedeutet, die gelösten CO_2-Gehalte in Meerwasser stehen mit den geringsten Komplikationen in direkter Beziehung zu atmosphärischen CO_2-Gehalten. Als erstes werden Variationen in den Borisotopenverhältnissen in aufeinanderfolgenden Proben durch die Sedimentkerne genutzt, um Änderungen im Meeres-pH-Wert zu rekonstruieren. Als nächstes nutzt eine Reihe von Berechnungen den rekonstruierten Meeres-pH-Wert, um den gelösten CO_2-Gehalt zu berechnen, und das ist wiederum laut dem Gasaustausch-Gesetz von Henry mit dem atmosphärischen CO_2-Gehalt verbunden.

Es gibt gleichfalls andere ozeanische CO_2-Proxys, besonders eines, das sich auf Kohlenstoffisotopenverhältnisse in Alkenonen bezieht. Diese maritimen Daten können mit denen anderer Methoden verglichen werden, wie z. B. mit einer, die Kohlenstoffisotopenverhältnisse in Natrium-Karbonat-Mineralien nutzt (besonders Nahcolith, was die fachsprachliche Bezeichnung für Backpulver ist), der Blatt-Stomata-Dichte-Methode, die wir weiter oben betrachtet haben und in den letzten 800 000 Jahren, natürlich mit den Eiskern-CO_2-Messungen. Allgemein stimmen die verschiedenen Techniken mit dem „Gesamtbild" der CO_2-Änderungen während Millionen von Jahren überein, aber es bleibt noch viel zu tun, um Feinheiten zu klären. Folglich werden Ungewissheiten in der Tiefenzeit ziemlich groß, aber eine brauchbare Langzeit-Aufzeichnung kann immer noch rekonstruiert werden (Abbildung 2.2).

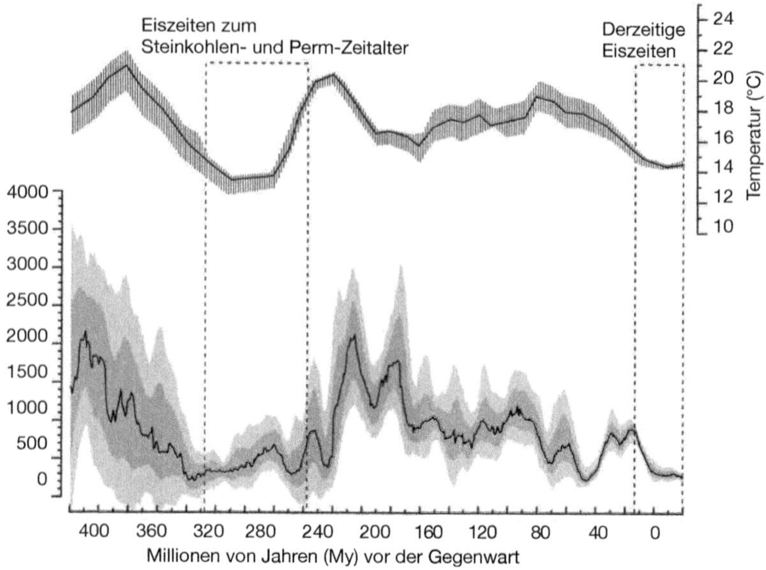

Abbildung 2.2. Wesentliche Klima-Indikatoren der vergangenen 420 Millionen Jahre. Unten: Langzeit-CO_2-Fluktuationen der Erde (xii). Graue Schattierung zeigt 68 Prozent- (dunkles Grau) und 95 Prozent- (helles Grau) Vertrauensintervalle an. Oben: Langzeit-Temperaturfluktuationen der Erde (xiii). Im Temperatur-Schaubild zeigt die Unsicherheits-Schattierung den Unterschied zwischen zwei Modell-Einstellungen und nicht ein spezifisches Vertrauensniveau. Interessanterweise befinden wir uns in der seltsamen Position, dass wir ein besseres Verständnis von vergangenen CO_2-Fluktuationen als von vergangenen Temperatur-Fluktuationen haben. Außerdem sind die zwei wichtigsten durch Eiszeiten charakterisierte Zeiträume angegeben (Rechtecke). Die dargestellten Fluktuationen sind nur die Langzeitänderungen. Überlagert hat es kürzere Zeitskala-Intervalle gegeben. Beachten Sie, dass die zwei Daten-Zusammenstellungen aus verschiedenen Quellen sind und dass erkennbare Altersverschiebungen zwi-

schen ihnen mit Sorgfalt betrachtet werden müssen – diese müssten im Detail geprüft werden, bevor Schlussfolgerungen gezogen werden können. Dort, wo dies gelöst worden ist, ist die Übereinstimmung zwischen CO_2-Änderungen und Temperaturänderungen bemerkenswert (Abbildung 2.1)

xii. Foster, G. L., Royer, D. L. und Lunt, D. J.: Future climate forcing potentially without precedent in the last 420 million years. Nature Communications, 8, 14845, doi: 10.1038/ncomms14845, 2017.

xiii. Royer, D. L., Berner, R. A., Montanez, L. P., Tabor, N. J. und Beerling, D. J.: CO_2 as a primary driver of Phanerozoic climate. GSA Today, 14, 4–10, 2004.

Insbesondere auf Modellarbeit und sorgfältigen ozeanischen Kohlenstoffbestandsrekonstruktionen basierend, haben die gut dokumentierten, mit Eiszeit-Zyklen verbundenen CO_2-Variationen (Abbildung 2.1) hauptsächlich zum Kohlenstoffaustausch zwischen Ozean und der Atmosphäre beigetragen (*Notizen 33,34*). Aber eine unmittelbarere Beobachtungsgrundlage für CO_2-Speicherungs-Variationen in den Ozeanen hatte gefehlt. Während uns Borisotope in ozeanischen Plankton-Mikrofossilien halfen, ober-ozeanische und atmosphärische CO_2-Variationen zu messen, benötigten wir immer noch etwas, mit dem wir Fluktuationen im Laufe der Zeit bezüglich der Menge der Kohlenstoffspeicherung im riesigen Tiefseevolumen messen konnten. Man könnte dies mit Borisotopenverhältnissen in Karbonat-Mikrofossilien einzelliger bodenbewohnender Organismen, bekannt als „benthische Foraminiferen“ (*vergl. Glossar*), tun, aber es gibt starke analytische Herausforderungen, die gegenwärtig verhindern, dass dies die wichtigste Technik wird. Während der letzten Dekade konnten dagegen mit der Arbeit über Bor/Kalzium (B/Ca)-Verhältnisse in benthischen Foraminiferen vielversprechende Ergebnisse erhalten werden, die gut mit den Ergebnissen von Borisotopenverhältnissen in Studien übereinstimmen, die sich überschneidende Daten betrachteten (*Notiz 34*).

B/Ca-Verhältnisse in benthischen Foraminiferen wurden mit Hilfe von Bohrkern-Spitze-Eichungen mit Karbonat-Ionen-Konzentrationen im Meerwasser, in dem sie leben, in Verbindung gebracht. Berechnungen bringen dann Änderungen in der Karbonat-Ionen-Konzentration in Meerwasser, wie von B/Ca-Änderungen abgeleitet, mit der Auflösung von CO_2 in diesem Meerwasser in Zusammenhang. Änderungen in der Auflösung von CO_2 im Ozean steht in Zusammenhang mit der CO_2-Aufnahme aus der beziehungsweise dessen Freisetzung in die Atmosphäre.

Während der Eiszeit-Zyklen resultierten CO_2-Variationen vorwiegend aus Kohlenstoff-Neuverteilungen innerhalb des Hydrosphäre-Biosphäre-Atmosphäre-Systems. Die Speicherung in und die Freisetzung aus dem großen Tiefseereservoir waren in jenen Prozessen besonders wichtig (*Notizen 34,35*). Während Zeiträumen von fünf- bis zehntausend Jahren beginnt die intensive Speicherung von gelöstem CO_2 in der Tiefsee mit Karbonat-Sedimenten in Wechselwirkung zu treten. Dies hat zur Folge, dass sich Karbonat in Tiefsee-Sedimenten löst. Umgekehrt wiederum verhält es sich, wenn Tiefsee-CO_2 reduziert ist, was mit der Zeit die Auflösung von Sediment-Karbonat verringern wird. Die Bilanz dieses Prozesses, auf die wir uns als Karbonat-Kompensation beziehen, ist, dass die Menge der CO_2-Speicherung in oder der CO_2-Freigabe aus der Tiefsee für Änderungen während tausenden von Jahren oder mehr größer ist als man schätzen würde, wenn man nur die Änderungen der Tiefsee-CO_2-Werte misst. Dies ist der Fall, weil die Karbonat-Kompensation für einen großen Anteil der Änderung über diese langen Zeiträume Rechnung trägt.

In ähnlicher Weise werden die Tiefsee-CO_2-Gehalte steigen, wenn sogenannter externer Kohlenstoff dem Hydrosphäre-Biosphäre-Atmosphäre-System zugeführt wird, und dies wird die Karbonat-Zersetzung vorantreiben. Auf diese Weise wird die Tiefsee eine nicht-proportionale Menge an Kohlenstoff herausziehen. Während des Paläozän-Eozän-Temperaturmaximums (*Paläozän vor etwa 66-56 und Eozän vor etwa 56-34 Millionen Jahren*), dem wir im Abschnitt 4.1 begegnen werden, löste eine große Kohlenstoff-Entweichung ins ozeanisch-atmosphärische System (teilweise aus den zuvor tief in den Sedimenten isolierten Speichern) eine starke Karbonat-Auflösung in allen Weltmeeren aus, welche über Hunderttausende von Jahren den von der ozeanischen Atmosphäre hineingeführten überschüssigen Kohlenstoff wieder entfernte (*Notizen 36,37*).

Wir können diese Karbonat-Kompensation-Antwort nutzen, um ein Gefühl für Langzeit-CO_2-Änderungen der Vergangenheit zu erhalten, die mehrere Zehnmillionen, vielleicht bis zu hundert Millionen von Jahren zurückgeht, als die Evolution alle essentiellen, heutigen Hauptakteure im Karbonat-Zyklus der Ozeane etabliert hatte. In sehr einfachen Worten: Wenn sich eine starke Auflösung entwickelte, dann hatte das CO_2 wahrscheinlich zugenommen gehabt, und wenn die Lösung abnahm, dann war das CO_2 wahrscheinlich verringert gewesen. Wir können dies messen, indem wir Entwicklungen im Laufe der Zeit von etwas benutzen, das Karbonatskompensationstiefe (CCD) genannt wird, was im Endeffekt die Tiefe ist, unterhalb der keine Karbonatsablagerungen entstehen. Die CCD-Entwicklungen im Laufe der Zeit können unter Nutzung maritimer Sedimentkerne aus verschiedenen Wassertiefen rekonstruiert werden (*Notizen 38,39*). Beachten Sie, dass jegliche Nutzung des Karbonat-Kompensations-Prozesses auf diese Weise eine ernsthafte Modellbildung für eine detaillierte Rekonstruktion erfordern wird.

2.4 DATEN ÜBER MEERESSPIEGEL-ÄNDERUNGEN

Zu diesem Zeitpunkt ist es wichtig, auf einige Details einzugehen, wie wir Meeresspiegeländerungen rekonstruieren, da dies einschließlich des Klimas eine der anschaulichsten Veränderungsmaßnahmen des Erdsystems ist. Ich werde zuerst Methoden betrachten, die wir haben, um Meeresspiegeländerungen in Zeiträumen von Jahrhunderten bis zu wenigen Millionen Jahren zu rekonstruieren. Aber um die sehr lang andauernden Zyklen der Erde zu verstehen (Abbildung 2.2), müssen wir fähig sein, Meeresspiegel über Millionen bis Hunderte Millionen von Jahren zu rekonstruieren, und ich werde dies mit einer kurzen Erklärung abschließen, wie wir uns solchen Änderungen annähern können.

Auf Zeiträumen von wenigen Hunderten bis Tausenden von Jahren ist die globale kontinentale Eisvolumenänderung die hauptsächliche Erklärung für die globale Meeresspiegeländerung: Je größer das kontinentale Eisvolumen, desto niedriger der Meeresspiegel (Abbildung 2.2). Heute enthält die Welt immer noch genug Eisvolumen, um einen Anstieg des Meerespiegels von etwa 65 Metern zu verursachen, wenn es vollständig schmelzen würde. Die Meeresspiegeländerung oder globale Eisvolumenänderung kann auf verschiedenen Wegen rekonstruiert werden. In der folgenden Diskussion konzentriere ich mich auf die Haupttechniken, die bei Zeiträumen von mehr als 10 000 Jahren genutzt werden. Die erste nutzt fossile Korallen, die über die Radio-Kohlenstoffmethode strahlungsmesstechnisch datiert werden oder häufiger mit der Uranreihendatierung (*Glossar*). Die zweite Methode nutzt Isotopendaten des stabilen Sauerstoffs von Meeresboden-Mikrofossilien (benthische Foraminiferen) mit einer Berichtigung der Temperaturänderungen aus Mg/Ca-Analysen desselben Materials. Die dritte Methode nutzt Aufzeichnungen aus Randmeeren, die nur eine schmale und flache Verbindung zum offenen Ozean haben, so wie das Rote Meer und das Mittelmeer. Schließlich gibt es einige andere Methoden, die ich zusammenfassen werde, bevor ich mich sehr langfristigen Meeresspiegelzyklen zuwenden werde.

Die meisten Korallen leben nahe der Meeresoberfläche, da sie Licht zur Unterstützung ihrer Photosynthese ausführenden Lebenspartner benötigen. Symbiose ist ein Übereinkommen, bei dem zwei Organismen erhebliche Vorteile aus einem miteinander verbundenen Leben ziehen – einer innerhalb des anderen. In den Korallen sind die Symbionten, die innerhalb der Korallenpolypen (*Glossar*) leben, einzellige Algen, die Photosynthese praktizieren. Sie gewinnen Schutz und Konzentration aus diesem Übereinkommen und der Korallenpolyp gewinnt eine zusätzliche Energie-/Nahrungsquelle. Beachten Sie, dass Symbiose sich vom Parasitismus unterscheidet, da in diesem Fall ein Organismus auf Kosten eines anderen lebt. Es gibt auch Korallen, die in der dunklen Tiefsee ohne Symbionten leben, aber dann gewinnen sie ihre Energie durch aktives Futtern. An flachen Orten ernähren sich Korallen sowohl aktiv als auch indem sie Energie von ihren Photosynthese betreibenden Symbionten gewinnen. Da Licht für die Photosynthese notwendig ist, bauen sich große Korallenkolonien (Riffe) in flachen tropischen Gewässern auf.

Durch die Erfassung, welche Korallenarten in bestimmten Tiefen leben, wurde die Bedeutung des Zusammenhangs zwischen verschiedenen Korallengemeinschaften und der Wassertiefe erkannt. Dieses Wissen kann bei fossilen Korallenriffen über erbohrte Kerne oder angehobene Riffterrassen genutzt werden. Zusätzlich können diese fossilen Korallen mit radiometrischen Messtechniken genauestens datiert werden, z. B. Radiokohlenstoff der letzten 50 000 Jahre und die Uranium-Reihen der letzten 250 000 Jahre, mit einer möglichen Ausweitung auf bis zu 500 000 Jahre. Somit haben wir nun datierte Proben von Korallen, deren bevorzugte Lebenstiefe durch biologische Studien erhalten werden kann. Es ist eine ganze Reihe zusätzlicher Messungen erforderlich, insbesondere durch das im Laufe der Zeit angehobene oder abgesunkene Gebiet, in dem wir unsere Korallenprobe gefunden haben, aber im Wesentlichen ist dies das, was die Korallen-Meeresspiegel-Methode uns gibt: Ein datierter Punkt (oder eine Reihe von Punkten) einer Korallenart mit bekannter Tiefenbevorzugung unter dem Meeresspiegel.

Durch den Aufbau vieler solcher weltweiter Datenpunkte bekommen wir einen Eindruck davon, wie der Meeresspiegel sich im Laufe der Zeit verändert hat. Dies ist eine Methode, die viel Anklang findet, da sie von Organismen abhängt, die jeder in Beziehung zum Meeresspiegel setzen kann. Es sind jedoch so viele Ungewissheiten im Spiel, dass unabhängige Meeresspiegel-Methoden benötigt werden, um die Daten der Korallen zu bestätigen und zu vervollständigen. Auch die Datierung der Korallen wird bei Zeiten bis vor etwa 250 000 Jahren problematisch, somit sind für frühere Zeiten andere Meeresspiegel-Methoden erforderlich.

Zuvor diskutierten wir Sauerstoffisotopenaufzeichnungen von der Tiefsee und wie diese benutzt werden können, um vergangene Eisvolumenänderungen (und somit Meeresspiegel) zu berechnen, vorzugsweise eine Tiefseetemperaturkorrektur benutzend, die auf Mg/Ca-Daten basiert. Dies ist eine weitverbreitete Methode und eine der bisher detailliertesten kontinuierlichen Aufzeichnungen erstreckt sich sogar bis zu 1,5 Millionen Jahre weit zurück (*Notiz 40*). Im Prinzip könnte diese Methode angewandt werden, um bis zum frühesten Beginn des Eisaufbaus auf dem Planeten vor etwa 40 Millionen Jahren in der Antarktis zurückzuschauen (*Notiz 41*), obgleich die Mg/Ca-Anwendbarkeit in älteren Zeiten fragwürdig wird und daher mehr Arbeit erfordert. Vor dieser Zeit und spätestens seit dem Ende der früheren Hochzeit der Eiszeiten vor etwa 250 Millionen Jahren hatte es kein Festlandeis von Bedeutung auf dem Planeten gegeben. In diesem Zeitraum von vor etwa 250 bis 40 Millionen Jahren enthalten Tiefseesauerstoffisotopen-Aufzeichnungen keine Informationen über das Eisvolumen – da es keines gab – und waren stattdessen nahezu vollständig von Tiefseetemperaturänderungen beherrscht.

Alle Proxy-Methoden, die man sich ausdenken könnte, werden immer vollständig von einigen Annahmen und Ungewissheiten abhängen. Deshalb ist es das Ziel, mehrere unterschiedliche Methoden anzuwenden und zu vergleichen, wobei diese in dem Sinne voneinander unabhängig sein müssen, dass sie nicht auf denselben Annahmen und Ungewissheiten beruhen. Um die Rekonstruktionen der zuvor erwähnten Meeresspiegel-Methoden zu stützen und zu testen, hat meine eigene Forschergruppe solch eine unabhängige Näherungsmethode, bekannt als Randmeere-Methode der Meeresspiegelberechnung, entwickelt (Abbildung 2.1, x, *und Notizen 42, 43, 44, 45*).

Die Methode entstand aus Beobachtungen stabiler Sauerstoffisotopenänderungen, die, verbunden mit den neueren Eiszeitzyklen, im Roten Meer und im Mittelmeer im Vergleich zu derartigen Änderungen während derselben Zyklen in der offenen See erheblich verstärkt waren. Es wurde schnell bemerkt, dass dies von der relativen Isolation dieser Meere und ihrer beschränkten Kommunikation (Wassermassenaustausch) mit dem offenen Ozean hervorgerufen wurde. Dieser Austausch ist begrenzt, da sehr schmale Passagen die Becken mit dem offenen Ozean verbinden. Die Passage ist in der südlichen Bab-al-Mandab-Straße des Roten Meeres nur 137 Meter und in der westlichen Mittelmeer-Straße von Gibraltar nur 284 Meter tief. Vergleichen Sie diese Tiefen mit den eiszeitlichen Meeresspiegeländerungen von etwa 120 bis 130 Metern unterhalb der heutigen. Mit den bis heute ähnlichen Werten in den dazwischenkommenden Warmzeiten, die als Zwischeneiszeiten bekannt sind.

Nur so viel Wasser kann durch eine schmale Meeresstraße ausgetauscht werden. Es ist ein wenig wie ein Gartenschlauch. Wenn Du ihn drückst, wird der Fluss zunächst intensiver oder schneller, aber wenn Du ihn mehr drückst, dann wird der Fluss abnehmen und schließlich aufhören. Das Wasser zwängt sich nur deswegen hinaus, da sich sehr starker Druck innerhalb des Schlauches aufbaut, während der Luftdruck außerhalb der Düse immer noch niedrig ist (1 Atmosphäre). In einer Meeresenge kann sich der Druckunterschied ein wenig, aber längst nicht so stark wie in unserem Schlauchbeispiel aufbauen. Ein teilweiser Verschluss der Meeresenge führt daher schnell zu einer Reduzierung des Wasseraustauschs mittels der Straße. Dieser Effekt kann unter Nutzung hydraulischer Kontrollmodelle akkurat berechnet werden.

Eine Reduzierung des Wasseraustausches mit dem offenen Ozean verursacht wegen eines Absinkens des Meeresspiegels, dass das Wasser im Roten Meer und im Mittelmeer länger der hohen Verdunstung über diesen Regionen ausgesetzt ist. Dies beeinflusst sowohl den Salzgehalt als auch das Sauerstoffisotopenverhältnis des Seewassers, das in Mikrofossilien gemessen werden kann. Änderungen in den Sauerstoffisotopenverhältnissen in Mikrofossilien des Roten Meeres und des Mittelmeeres können dann mittels hydraulischer Kontrollmodelle für Wasseraustausch durch die Meeresengen zu Meeresspiegeländerungen in Beziehung gesetzt werden. Meeresspiegel-Aufzeichnungen sind für das Rote Meer durch diese Methode bis zu 500 000 Jahre zurück konstruiert worden, beschränkt durch die maximale Länge der Sedimentkerne dieses Beckens. Vom Mittelmeer sind viel längere Kerne verfügbar, und die Aufzeichnungen erstrecken sich weit zurück bis zu 5,3 Millionen Jahren (*Notiz 42*).

Die Meeresspiegel-Aufzeichnungen des Roten Meeres und des Mittelmeeres können mit Mg/Ca-korrigierten Sauerstoffisotopenaufzeichnungen der Tiefsee verglichen werden. Dies verdeutlicht die gute Übereinstimmung der rekonstruierten Eisvolumen-Variationen von der Gegenwart bis zu etwa 1,5 Millionen Jahren zurück und sinnvolle Übereinstimmung vor dieser Zeit (*Notiz 42*). Vieles der gegenwärtigen Arbeit ist auf die Verbesserung der Aufzeichnungen für 1,5 Millionen Jahre zurückliegende Zeiträume konzentriert.

Mehrere andere Methoden werden genutzt, um die Meeresspiegeländerungen während einem oder ein paar Eiszeitzyklen zu rekonstruieren (*Notiz 46*). Eines benutzt die Mikrofauna-Zonenbildung in Salz-Marschgebieten direkt in der Gezeitenzone. Diese Mikrofauna-Zonenbildung ist in heutigen Salz-Marschgebieten detailliert dokumentiert und dann auf Sedimentkerne angewandt, die derselben Salzmarschregion entnommen wurden. Datierung wird allgemein von Radiokohlenstoff-Analysen geliefert. Auf diese Weise können sehr genaue Aufzeichnungen des regionalen relativen Meeresspiegels entwickelt werden, insbesondere für die laufende Zwischen-Eis-Periode, dem Holozän, seit dem Ende der letzten Eiszeit.

Eine zweite Methode hat beträchtliche Anwendung in mild abfallenden Randgebieten gefunden, solchen wie der Sunda-Schelf, Indonesien, und Bonaparte Golf in Nord-Australien. Diese Methode nimmt Kerne entlang von Querschnitten der heutigen Küste und in tiefere Wasser hinein und identifiziert dann, wann der Meeresspiegelanstieg war, nachdem die letzte Eiszeit die Küstenlinie versenkte. Die versunkenen Landpflanzen können mit der Radiokohlenstoff-Methode datiert werden und die Tiefe der überflutenden Oberfläche von sorgfältigen Messungen notiert werden. Auf diese Weise werden, mit einigen Korrekturen für das Aufsteigen oder Absinken von Land, gut erhaltene Aufzeichnungen von untergehenden Küsten erhalten, die zu verschiedenen Tiefen unter dem gegenwärtigen Meeresspiegel absanken. Dies wird dann als eine datierte Aufzeichnung des Meeresspiegelanstiegs nach dem Ende der letzten Eiszeit verwendet.

Eine dritte Methode zur Betrachtung des Meeresspiegelanstiegs ist ähnlich zur Land-Absink-Methode, außer dass es Höhlen bei der Küste benutzt, die zeitweise auftauchten, da der Meeresspiegel fiel und zu anderen Zeiten überschwemmt wurden, da der Meeresspiegel stieg. Stalagmiten in der Höhle wachsen, wenn die Höhle sich über den Meeresspiegel erhoben hat und hören auf zu wachsen, wenn die Höhle geflutet ist. Diese Änderungen können mit der Uranreihen-Methode datiert werden und unter Nutzung der Höhlenlage können wir auf diese Weise gut datierte Informationen erhalten, wann die Lage der Höhle von der Meeresspiegeländerung gekreuzt wurde. Diese repräsentieren wichtige Markierungspunkte vergangener Meeresspiegel.

Die bis zu diesem Punkt diskutierten Meeresspiegel-Methoden sind alle auf Zeiträume von Jahrhunderten bis zu einigen Millionen Jahren anwendbar. Aber wir müssen auch Bescheid wissen über den Klimazustand der Erde während viel älterer Zeiten. Um von Meeresspiegeländerungen vor Millionen bis Hunderten Millionen von Jahren zu wissen, wird eine Methode benutzt, die in enger Zusammenarbeit mit der Petroleum-Industrie entwickelt wurde. Die Industrie war an den Meeresspiegel-Zyklen interessiert, da diese Ablagerungspakete im kontinentalen Schelf und in abfallenden Bereichen verursachten, die in einigen Fällen mögliche wertvolle Petroleumspeicher formen. Die Methode ist an anderer Stelle ausführlich erklärt (*Notiz 47*) und ich werde hier nur die grundlegenden Konzepte zusammenfassen.

Die ersten Grundlagen dieser Methoden wurden von einem Team von ESSO-Geologen ausgearbeitet, die die „Vail-Kurve" oder „Exxon-Kurve" im Jahre 1977 ausarbeiteten und sie erstreckt sich nahezu 550 Millionen Jahre in die Vergangenheit. Eine bedeutsame Aktualisierung kam 1987-1988, die nun als die „Haq-Kurve" bekannt ist. Eine neuerliche Aktualisierung hat die Haq-Kurve auf eine höher gestufte Zeitskala gesetzt (*Notiz 48*).

Die überraschendste Entdeckung ist für die meisten Menschen, dass die Meeresspiegel während der meisten Zeit der letzten 550 Millionen Jahre bis zu mehreren hundert Metern über dem gegenwärtigen Niveau waren. Dies scheint dem Wissen zu widersprechen, dass es heute höchstens siebzig Meter Gegenwert an Eis auf dem Planeten gibt, und dass das Hineinströmen allen Frischwassers der Welt (einschließlich des Grundwassers) in die Ozeane, diese Zahl nicht einmal verdoppeln würde. Um den Meeresspiegel weit mehr als 100 Meter höher als heute zu bekommen, müssen wir eindeutig an andere Prozesse denken. Es stellt sich heraus, dass diese Prozesse mit dem in großem Umfang stattfindenden Aufsplittern, der Bewegung und der Neukombination kontinentaler Platten auf der Erde in Verbindung stehen, die insgesamt als Plattentektonik bekannt sind.

Während Phasen verstärkter Plattentektonik ist die ozeanische Kruste relativ jung und elastisch, ihre sich spreizenden mittelozeanischen Rücken sind heiß und aufwölbend und neue unterseeische Rückenbereiche werden gleichfalls geformt. Das Verdrängen von Wasser reduziert die Volumenkapazität der Ozeane, was wiederum einen Meeresspiegelanstieg verursacht, sogar wenn es keine Änderung im Gesamtvolumen des Seewassers gab. Die langzeitigen Auf- und Ab-Bewegungen des Meeresspiegels, die mit Plattentektonik-Aktivitäten in Beziehung stehen, entwickeln sich sehr langsam, aber der Prozess führt mit der Zeit zu großen Amplituden-Änderungen. Wir müssen uns nicht um diese Prozesse sorgen, da die Menschheit wahrscheinlich nicht lange genug auf der Erde sein wird, um zu sehen, dass diese langsamen Prozesse eine Wirkung auf den Meeresspiegel ausüben – wir sprechen von einigen zehn Millionen von Jahren. Einige der kürzeren Folgen (und eine kleinere Amplitude), detailliert dargestellt in den Vail- und Haq-Kurven, sind schneller und beziehen sich auf weiter oben erläuterte Vorgänge, so wie Eisvolumen-Variationen.

2.5 ZUSAMMENFASSUNG UND AUSBLICK

In diesem Kapitel sind wir mit großen Schritten durch einige der zentralen Fragestellungen empirischer Nachweise gegangen, die in der Paläoklimatologie benutzt werden. Es wird davon ausgegangen, dass Modellbildung eine genau so große Rolle in der Entwicklung des Wissens, das wir nun besitzen, gespielt hat, aber aus Gründen der Übersichtlichkeit und als Antwort auf „Zeige mir die Daten"-Forderungen wurde der Schwerpunkt auf den Beobachtungs-Aspekt der paläoklimatischen Wissensbasis (Daten und Proxy-Daten) gesetzt.

Wir begegneten Daten aus Eiskernen, die bis zu etwa 800 000 Jahren zurückgehen und „Zeitkapseln" fossiler Atmosphären in Form von in Eis gefangenen Luftbläschen einschließen, und isotopischen Verhältnissen des Eises selbst und sowohl Ionen-Reihen als auch einzelne Partikeldaten über atmosphärische Staubflüsse. Als nächstes schauten wir uns Daten vom Land kritisch an, die von Ablagerungen in Höhlen bis zu Baumringen und von See-Ablagerungen bis zu Landformen und Blatt-Wachs-Daten von Pflanzen reichen. Dies brachte uns dann zur Diskussion über Meeresdaten. Wir diskutierten Sediment-Kernbohrungen und -Datierungen, einschließlich der wichtigen astronomischen Zeitraum-Abstimmung und dann eine Vielfalt an Methoden, die auf mikrofossiler Schalen-Chemie aufbauen. Spezielle Aufmerksamkeit wurde Proxy-Daten geschenkt, die Rekonstruktionen vergangener CO_2-Konzentrationen untermauern, und wir gingen schließlich die verschiedenen Methoden durch, durch die vergangene Meeresspiegel rekonstruiert werden können.

Wir sind nun bereit, uns der Frage zuzuwenden: *Was verursachte die vergangenen Klimaänderungen, bevor der Mensch Einfluss nahm*? Zunächst betrachten wir in Kapitel 3 einige unverzichtbare, grundlegende Hintergrundinformationen und wenden uns dann in Kapitel 4 der eigentlichen Fragestellung zu.

[3] ENERGIEBILANZ DES KLIMAS

Die Sonne ist die perfekte Energiequelle für das Klima. Die Sonne strahlt mit einer nahezu konstanten Intensität von etwa 1360 Watt pro Quadratmeter (W/m^2) in Richtung Erde, wie über der Erdatmosphäre gemessen. Die meiste Strahlung findet in den kurzen ultravioletten und den sichtbaren Lichtwellenlängen statt. Wir sprechen hierbei von einfallender kurzwelliger Strahlung (ISWR; die Wellenlängen sind kurz, da die Sonne bei sehr hohen Temperaturen von etwa 5 500°C strahlt).

Die Erde ist keine zweidimensionale Scheibe, sondern eine dreidimensionale Kugel. Ihre Tagesseite schaut zur Sonne und erhält Strahlung, während ihre Nachtseite von der Sonne weggerichtet ist und keine Sonnenstrahlung empfängt. Dadurch ist die globale durchschnittliche Energie, die durch die Sonne pro Quadratmeter Erdoberfläche empfangen wird, die Energie, die von der Tagesseite der Erde empfangen wird und über der Oberfläche der ganzen Kugel anteilsmäßig verteilt ist. Wenn wir das durchrechnen, ergibt dies eine durchschnittliche Sonneneinstrahlung von 340 W/m^2 auf jeden Quadratmeter der Erde am oberen Rand der Atmosphäre (Box 3.1.). Das ist der Wert, mit dem bei der Betrachtung der ISWR der Sonne in einem kontinuierlichen, global gleichmäßig „verwischten" Sinn alles gelingt, und das ist es, was zählt, wenn wir das Gleichgewicht zwischen der von der Erde gewonnenen und der verlorenen Energie berechnen (Box 3.2.).

Viele Menschen sind von der Tatsache verwirrt, dass wir nur über die Sonnenenergie sprechen. Sie wundern sich dann insbesondere darüber, warum wir die Wärmeeinbringung aus dem Erdinneren und besonders aus den Vulkanen ignorieren, die schließlich alle sehr heiß sind. Aber trotz der spektakulären Shows von Hitze, Dampf, Gasen und urzeitlichem Chaos, die Vulkane zeigten, entpuppen sie sich hinsichtlich des Wärmestroms in das Klimasystem als nahezu vernachlässigbar. Verglichen mit dem durchschnittlichen globalen Sonnenenergiegewinn von 340 W/m^2, zeigen neuere Abschätzungen, dass der gesamte Wärmeabfluss aus dem Erdinneren nicht einmal 0,09 W/m^2 beträgt (*Notizen 49,50*). Etwa die Hälfte hiervon kommt von urzeitlicher Hitze, die mit der Bildung des Planeten in Beziehung steht und die andere Hälfte vom radioaktiven Zerfall der Elemente im Erdinneren (*Notiz 50*). Und ja, diese gesamten Wärmeflusszahlen schließen Vulkane mit ein. Dieser Vergleich relativiert, was die Sonne für uns tut. Offensichtlich macht der Wärmeverlust im Erdinneren bezüglich der Hitze, die durch die Sonne auf globaler Durchschnittsebene empfangen wird, keinen Eindruck aufs Klima. Daher können wir, wenn wir globale Klimaänderungen betrachten, jeden direkten Wärmeströmungseinfluss aus dem Erdinnern ignorieren.

Box 3.1

Die Erde fängt 1360 W/m^2 der einfallenden Sonnenstrahlung gemäß ihrer Querschnittfläche ab, die als die Fläche einer Scheibe gegeben ist: $3.14\ r^2$. Jedoch ist die Erdoberfläche, über die wir den mittleren Anteil der einfallenden Strahlung berechnen, die Oberfläche einer Kugel: $3.14*4r^2$. Dadurch ist die durchschnittlich einfallende, über jeden Quadratmeter der Erdoberfläche verteilte Strahlung 1360/4 = 340 W/

Box 3.2

Es ist nützlich, ein wirklichkeitsgetreues Gefühl für die Intensität, die durch die 340 W/m^2 des durchschnittlichen globalen Energiegewinns durch die Sonne am oberen Rand der Atmosphäre dargestellt wird, zu gewinnen. Als erstes Beispiel bedeutet dies, dass die Erde im Durchschnitt kontinuierlich genug Energie erhält, um nahezu sechs helle (60 Watt) Lichtbirnen innerhalb eines jeden Quadratmeters zu beleuchten. Und dann behalten Sie im Blick, dass es 510 Billionen solcher Quadratmeter gibt, wobei eine Billion eine Million von Millionen ist. Eine andere nützliche Zahl zum Vergleich ist, dass eine erwachsene Person konstant etwa 100 Watt an Wärme verliert. Um also zu fühlen, wieviel Energie kontinuierlich durch die Sonne (globaler Durchschnitt) hereinkommt, stelle man sich ein Experiment wie das folgende vor. Suchen Sie einen kleinen Raum auf, so groß wie ein großer Schrank oder eine kleine Toilettenkabine mit einer Bodenfläche von 2 m x 1 m (2 m^2). Dann suchen Sie sechs Erwachsene, die hineingehen, so dass Sie Ihre eigenen 100 Watt addieren und schließen die Tür, um jeglichen Wärmeaustausch mit außerhalb zu stoppen. Es wird darin sehr schnell sehr unangenehm werden, wie jeder es Ihnen erzählen kann, der jemals in einem vollen Fahrstuhl festgesteckt gewesen ist. Dies ist die Art von Wärmeeinfall, die wir durchschnittlich durch die Sonne am oberen Rand der Atmosphäre erhalten, jeden Tag, rund um die Uhr.

Hier muss betont werden, dass wenn wir später dazu kommen, über sehr langfristige Klimazyklen von über Hunderten von Millionen von Jahren nachzudenken, der Wärmefluss aus dem Erdinnern mit einer wichtigen, indirekten Rolle in die Erörterung zurückkehrt. Auf jenen Zeitskalen treibt der innere Wärmefluss die Plattentektonik der Erde an – die langsame, weltweite Bewegung der kontinentalen Platten –, die diese sehr langfristigen Klimazyklen beherrscht.

Eine andere häufig gestellte Frage ist, warum wir so sehr am oberen Rand der Atmosphäre interessiert sind. Dies liegt einfach daran, dass dies die Grenze zwischen Erde und Weltraum ist, wo wir die Bilanz zwischen dem Energieverlust der Erde an den Weltraum und ihren Energiegewinn durch die Sonne auszuwerten haben. Dieses Gleichgewicht ist bekannt als Energiebilanz der Erde. Nach der Aufwärmung durch die Absorption der ISWR (ähnlich wie jedes Objekt, das sich durch Sonnenlichtabsorption erwärmt) kühlt sich die Erde durch Wärmeausstrahlung in den Weltraum ab, ähnlich irgendeinem warmen Körper. Da die Oberfläche der Erde nicht sehr heiß ist, geschieht das meiste der hinausgehenden Strahlung bei den relativ langen Wellenlängen des thermischen Infrarots. Fachsprachlich kennen wir dies als ausgehende langwellige Strahlung oder OLWR. Das ist grundsätzlich das Gleiche, was für Aufnahmen von Nachtsichtbrillen oder thermischen Infrarotkameras verwendet wird. Vielleicht haben Sie bei solchen Aufnahmen gesehen, dass die Intensität der OLWR von der Temperatur des Objektes abhängt, das die Wärme ausstrahlt; somit hängt die Abkühlungsrate der Erde durch die OLWR von der Temperatur der Erde ab. Die OLWR wird später weiter erläutert werden. Alles, was wir hier benötigen, ist die Essenz der Energiebilanz der Erde: Wenn die Erde mehr Energie von der Strahlung am oberen Rand der Atmosphäre gewinnt als sie verliert, dann wärmt sie sich auf, wenn die Erde mehr Energie verliert als sie gewinnt, dann kühlt sie sich ab.

Um zu verstehen, wieviel Energie die Erde tatsächlich durch die Sonne gewinnt, müssen wir das, was mit der ISWR passiert, ausführlicher betrachten (Abbildung 3.1). Nicht die ganze ISWR, die den oberen Rand der Atmosphäre erreicht, schafft es tatsächlich, von der Erdoberfläche absorbiert zu werden und es ist Strahlungsabsorption notwendig, um Erwärmung zu erreichen. Stattdessen wird ein beträchtlicher Anteil direkt in den Weltraum ohne Effekt zurückreflektiert. Die glänzende weiße Oberfläche von Eis oder Schnee reflektiert mehr als 80 Prozent der sie treffenden ISWR. Bestimmte helle, weiße Wolkenarten sind auch ausgezeichnete Reflektoren. Der nackte Wüstensand leistet auch einen guten Job – Sie wären beim Reisen durch die Wüste, genauso wie im Schnee, gut beraten, Ihre Augen zu schützen. Wenn die meiste Strahlung direkt in den Weltraum zurückreflektiert wird, wird wenig absorbiert, dies ist der Grund, warum Materialien mit reflektierenden Oberflächen sich nicht sehr effektiv aufwärmen. Im Gegensatz dazu, reflektiert offenes, tiefes Wasser sehr wenig und absorbiert das meiste der Strahlung, welches es trifft, besonders in niedrigen Breitengraden, wo sich die Sonne zu einer Position nahezu direkter Überkopflage erhebt. Dunkle Vegetation und dunkler Boden absorbieren auch viel der ISWR. Solche stark absorbierenden Materialien wärmen sich rasch auf.

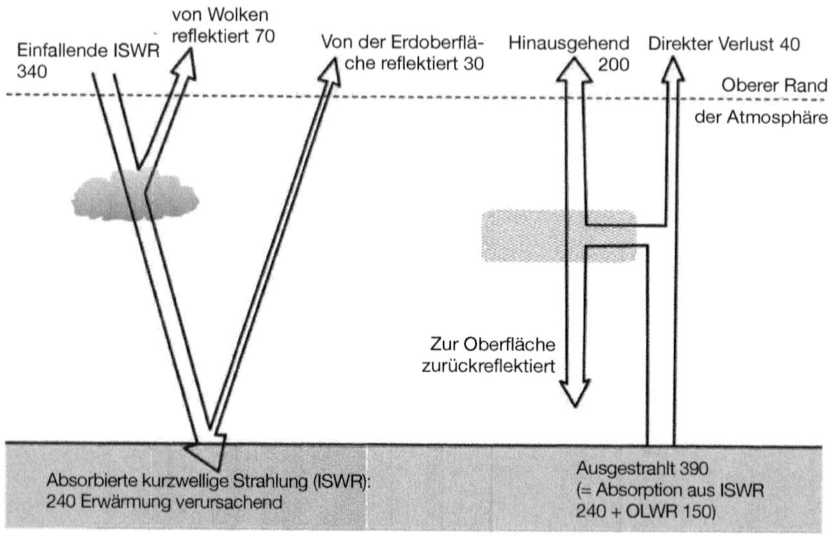

Abbildung 3.1. Stark vereinfachtes Schema der Energiebilanz der Erde. ISWR ist die einfallende kurzwellige Strahlung. OLWR ist die hinausgehende langwellige Strahlung. GHG steht für das Treibhausgas. Alle Zahlenwerte sind in W/m² angegeben.

Wir geben das Rückstrahlungsvermögen mit einem Faktor namens Albedo wieder. Heute liegt die globale durchschnittliche Albedo der Erde bei etwa 0,3, hauptsächlich infolge von Wolken, Schnee und Eis. Diese Zahl bedeutet, dass etwa dreißig Prozent der 340 W/m² der am oberen Rand der Atmosphäre empfangenen ISWR zurück in den Weltraum reflektiert wird. Nur etwa siebzig Prozent davon, oder 240 W/m^2, werden an der Erdoberfläche absorbiert, wo sie Erwärmung hervorruft.

Das Rückstrahlungsvermögen der Erde ist zeitlich nicht gleichbleibend. Wenn wir für den Moment Wolken nicht berücksichtigen und nur auf Oberflächen-Albedo-Änderungen schauen, dann können wir, indem wir eine Eiszeit betrachten, einen interessanten Einblick in das Ausmaß der Änderung bekommen. Während des letzten Eiszeit-Maximalstands, etwa vor 30 000 bis 20 000 Jahren, war Nordamerika von einem ähnlich großen Eisschild bedeckt wie es heute über der Antarktis erkennbar ist, und Nordeuropa und Nordwestasien beherbergten ein Eisschild von etwa einem Drittel dieser Größe. Das Vorhandensein solch großer, reflektierender Eisschilder reduzierte die während der Eiszeit durchschnittlich global absorbierte ISWR um bis zu 4 W/m^2 des heutigen Werts von etwa 240 W/m^2. Andere Änderungen des Rückstrahlungsvermögens addierten indessen eine Reduzierung von weiteren 4 W/m^2 oder so aufgrund von Meereis-Ausdehnung, Vegetationsänderungen und erhöhten atmosphärischen Staubgehalten bei trockeneren und windigeren Bedingungen (*Notiz 51*). Auf diese Weise war die aufgenommene ISWR-Komponente während der letzten Eiszeit auf ungefähr 232 W/m^2 reduziert. Die reflektierte Komponente war etwa 340-232 = 108 W/m^2, somit betrug die globale Albedo während der letzten Eiszeit etwa 108/340 = 0,32, im Vergleich zum heutigen Wert von etwa 0,3, als Reaktion auf die Oberflächenänderungen.

Es ist lohnenswert, uns zu erlauben, etwas vom Thema abzukommen. Die Eiszeit-Albedo-Berechnung zeigt, wie wichtig es ist, beim Fällen von Entscheidungen, die auf offensichtlich geringen Mengen basieren, vorsichtig zu sein, wenn man kein fundiertes Verständnis davon hat, wofür sie stehen. Eine Albedo-Zunahme von 0,3 auf 0,32 mag sehr klein erscheinen. Ich kann beinahe einen Kommentar hören: *Das sind nur zwei Prozentpunkte an Veränderung! Wieso sollte das wichtig sein?* Aber in Wirklichkeit bedeutet diese winzige Änderung einen völlig anders aussehenden Planeten. Dieser bietet fast überall in Nordamerika und Nordeuropa, wo das Land von kilometerdicken Eisschichten bedeckt ist, keinen Raum für Landlebewesen; zusätzlich gibt es dickes und ewiges Eis über Alaska und anderen Bergregionen weltweit; eine enorme Permafrost-Ausdehnung über einem

Großteil Nordasiens und bis nach Mitteleuropa, mit einer damit verbundenen Beseitigung von Wäldern, die der Tundra Platz machten; eine riesige Meereiskappe rund um die Antarktis, die das sichtbare Ausmaß dieses Kontinents zeitweise beinahe verdoppelte; eine andere gewaltige Meereiskappe, die die Arktis vollständig blockierte und sich zeitweise bis in den Süden Islands erstreckte; und einen globalen Meeresspiegel, der etwa 120 bis 130 Meter tiefer als heute stand, was die Umrisse der Kontinente drastisch umformte. Auswirkungen aufgrund „kleiner Zahlen" abzutun, könnte also hinsichtlich der tatsächlichen Wirkungen vor Ort äußerst fehlgeleitet sein.

Aber lassen Sie uns zum primären Verlauf unseres Arguments zurückkehren. Wir müssen uns etwas die technische Seite der Rückkopplung ansehen, eines kritischen Merkmals von Reaktionen innerhalb des Klimasystems auf eine ursprüngliche Störung. Rückkopplung findet sich dort, wo eine ursprüngliche Änderung oder Störung eine Reaktion auslöst, die den Effekt der ursprünglichen Änderung oder Störung verstärkt (positive Rückkopplung) oder dämpft (negative Rückkopplung). Die meisten von uns kennen eine positive Rückkopplung von pfeifenden Mikrofonanlagen und eine negative Rückkopplung von der dämpfenden Wirkung eines Stoßdämpfers.

Änderungen des Rückstrahlungsvermögens (Albedo) führen zu einer gewaltigen Kaskade solcher Rückkopplungs-Effekte: Wenn die Temperatur aus welchem Grund auch immer reduziert ist, nimmt die Vegetation ab und die Eis- und Schneedecke nehmen zu. Dies vergrößert die Rückstrahlung, was die ISWR-Aufnahme reduziert, und dies verursacht wiederum eine weitere Abkühlung der Oberfläche. Dies ist als positive Rückkopplung bekannt. Dabei gibt es dann einen woanders anstoßenden Dominoeffekt, was im nächsten Abschnitt genauer erläutert werden wird: Wenn die Oberfläche abkühlt, reduziert sich die OLRW-Intensität und begrenzt die weitere Abkühlung der Oberfläche. Dies ist eine negative Rückkopplung. Das Endergebnis ist eine Verschiebung des Erdsystems hin zu einer neuen, niedrigeren Gleichgewichtstemperatur, bei der die reduzierte ISWR-Aufnahme und die reduzierte OLWR-Emission erneut ausgeglichen sind. Diese Prozesse können auch in entgegengesetzter Richtung wirken und damit verursachen, dass sich das Erdsystem hin zu einer neuen, höheren Gleichgewichtstemperatur verschiebt, bei der die erhöhte ISWR-Aufnahme und die erhöhte OLWR-Emission erneut ausgeglichen sind.

Die „Pfade" hin zu den Endresultaten, denen Rückkopplungsprozesse folgen, sind nicht einfach, da die vielen Prozesse, die involviert sind, alle mit verschiedenen Zeiträumen arbeiten (Abbildung 3.2). Wachstum und Zerfall von großen Eisschildern auf Land sind eine langsame Angelegenheit, die viele Tausende von Jahren beansprucht, während Vegetationsänderungen Dekaden bis zu Tausende von Jahren einnehmen. Im Gegensatz dazu sind Meereis- und Schneedecken-Reaktionen und Staubauswirkungen schnell und im Laufe von Jahren wirksam. Auf diese Weise unterscheiden wir langsame Albedo-Rückkopplungen (in Verbindung mit Landeis und Vegetation) von schnellen Albedo-Rückkopplungen (in Verbindung mit Wolken, Wasserdampf, Meereis, Schnee und Staub). Forscher haben jahrzehntelang daran gearbeitet, die wichtigsten Kontrollen dafür und die Zeiträume von den Änderungen in solchen Prozessen zu verstehen, um ihre Darstellung in Klimamodellen zu verbessern. Insbesondere atmosphärische Staubauswirkungen sind wie das Gleichgewicht zwischen Albedo- und OLWR blockierenden Merkmalen verschiedener Wolkentypen schwierig zu verstehen und detailliert wiederzugeben.

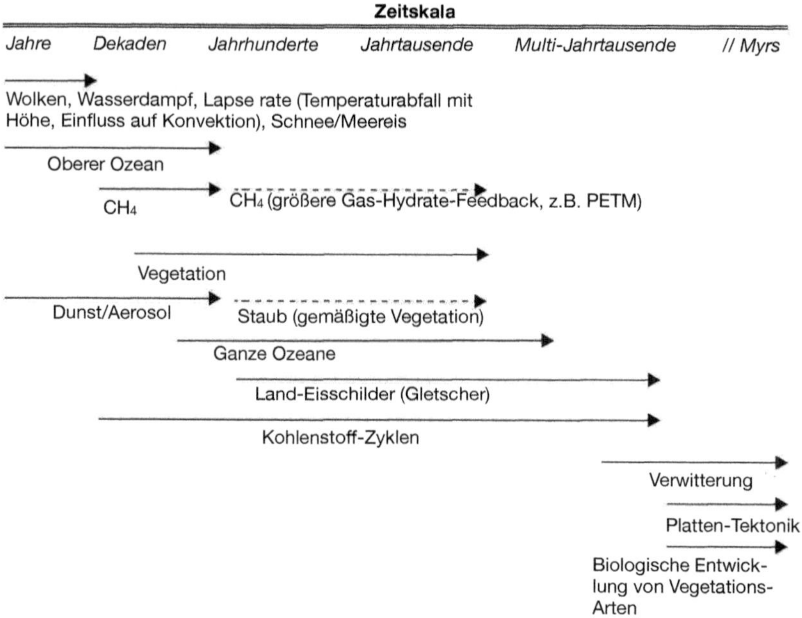

Abbildung 3.2. Rückkopplungsprozesse im Klimasystem und ihre typischen Wirkungszeiträume: Myrs steht für Millionen von Jahren; PETM steht für Paläozän-Eozän-Temperaturmaximum, ein warmer Höhepunkt in der Geschichte des Erdklimas vor etwa 56 Millionen Jahren; und // zeigt eine Unterbrechung in der Zeitskala-Achse zwischen Zeiträumen von mehreren tausend Jahren und Zeiträumen von Millionen von Jahren an. Abgewandelt von http://www.realclimate.org/index.php/archives/2015/03/climate-sensitivity-weck/.

Nun sind wir zu einem Punkt gekommen, an dem wir betrachten können, was passiert, wenn die Erdoberfläche aufgewärmt ist. Am absoluten Nullpunkt, bei etwa -273°C, kann ein Objekt im Weltraum nicht an Wärme verlieren. Sowie ein Objekt wärmer als das ist, wird es Wärme in den Weltraum abgeben. Wie zuvor erwähnt, hängt die Intensität der von der Erde ausgehenden langwelligen Strahlung (OLWR) von ihrer Temperatur ab: Wenn die Erde sich aufwärmt, wird sie beginnen, mehr Energie durch die OLWR zu verlieren, und wenn sie sich abkühlt, wird ihr Energieverlust durch die OLWR abnehmen. Auf diese Weise helfen Änderungen in der OLWR-Intensität dabei, die Erdtemperatur vorm Davonlaufen abzuhalten. Fachsprachlich ausgedrückt: Das Erdsystem sucht ein neues Gleichgewicht, mit dem die erhöhte/gesunkene hinausgehende Nettostrahlung erneut die erhöhte/gesunkene einfallende Nettostrahlung ausgleicht.

Ohne die Atmosphäre läge die Erdtemperatur, beruhend auf dem Stefan-Boltzmann Gesetz, bei circa -18°C, aber die beobachtete Erdoberflächentemperatur ist, mit etwa +15°C, um etwa 33°C höher als das. Offensichtlich wirkt etwas ähnlich wie eine Wärmedämmung, sodass sich die Erde zu einem Punkt erwärmt hat, an dem (sogar mit der stattfindenden Wärmedämmung) die erhöhte OLWR-Intensität genügend Energieabgabe in den Weltraum erlaubt, um die ISWR auszugleichen. Die Wärmedämmung ist die Atmosphäre und ihre wärmedämmende Fähigkeit ist als Treibhauseffekt bekannt. Sogar bevor Menschen begannen, die Atmosphäre zu beeinflussen, war der Treibhauseffekt bestens etabliert. Er ist der besondere Grund, dass Wasser auf der Erde in flüssiger Form existiert, was die Oberflächenbedingungen des Planeten für das Leben günstig gestaltet. Das Leben und der Treibhauseffekt sind enge Verbündete.

Wenn wir das Stefan-Bolzmann-Gesetz anwenden, um die OLWR mit der tatsächlich beobachteten mittleren globalen Oberflächentemperatur der Erde zu berechnen, dann stellen wir eine OLWR von 390 W/m^2 der Erdoberfläche fest (Abbildung 3.1). Das erscheint merkwürdig, da sich die absorbierte ISWR im Netto (nach Reflexion) nur auf 240 W/m^2 beläuft. Vorausgesetzt also, dass die Erde nicht auf einer verrückten Jagd hin zu einem permanenten und vollständigen Eisballzustand gewesen ist, muss ein Beinahe-Gleichgewichtszustand existieren, in dem die OLWR im Netto von der Erde in den Weltraum dem ISWR im Netto von der Sonne gleicht. Im Klartext bedeutet dies, dass etwa 390-240 = 150 W/m^2 der an der Erdoberfläche generierten OLWR in der Atmosphäre zurückgehalten sein müssen, einfach deshalb, weil sie eindeutig nicht in den Weltraum verschwindet.

Wir haben nun zwei Methoden den Treibhauseffekt zu betrachten gesehen: Eine hinsichtlich der Temperatur (33°C) und die andere hinsichtlich der Energie, die von der Atmosphäre zurückgehalten wird (150 W/m^2). Lassen Sie uns also einen Blick darauf werfen, was ihn verursacht.

3.1 DIE TREIBHAUSGASE

Wir beginnen mit einer kurzen Geschichte der Treibhauseffekt-Forschung. Dies ist notwendig, um aufzuzeigen, dass wir nicht einfach eine ungetestete Theorie, sondern stattdessen sorgfältig getestete und geprüfte wissenschaftliche Erkenntnisse betrachten. Die frühesten Elemente der Forschung greifen mehr als 150 Jahre zurück.

Durch das Erforschen, welche Wellenlängen der OLWR aufgrund der Absorption innerhalb der Atmosphäre teilweise davon abgehalten werden ins Weltall zu entweichen, wissen wir, welche Komponenten der Atmosphäre für den Treibhauseffekt verantwortlich sind. Die OLWR spannt einen weiten Bereich von Wellenlängen auf. Da Menschen im infraroten Bereich nicht sehen können, ist es einfacher, sich ein kürzeres Wellenlängen-Beispiel vorzustellen: Denken Sie an die große Palette oder das Spektrum verschiedener Farben des Lichts in einem Regenbogen. Jede Farbe repräsentiert das Licht einer anderen Wellenlänge, von Violett und Blau bei kürzeren Wellenlängen zu Rot bei längeren Wellenlängen. Unterschiedliche Gasmoleküle absorbieren Strahlung bei unterschiedlichen Wellenlängen. Dann strahlen diese Moleküle die absorbierte Energie der kühleren, höher in der Atmosphäre gelegenen Schichten wieder neu aus, sowohl zurück zur Oberfläche als auch nach oben ins Weltall. Die resultierende Abschwächung der Ausstrahlung ins Weltall bei verschiedenen Wellenlängen kann mit sogenannten Spektrometern gemessen werden, die dann eine „Änderung" oder einen „Ursprung" im Spektrum der Strahlung bei den blockierten Wellenlängen zeigen. Übertragen auf unser Beispiel mit sichtbarem Licht, gäbe es dort dunkle Streifen entlang des Regenbogens, wo gewisse Farben geschwächt sind.

Lehre und Experimente haben ermittelt, welche Moleküle spezielle Lücken bei spezifischen Wellenlängen der Strahlung verursachen. Bereits in den 1860ern hat John Tyndall versuchsweise festgestellt, dass mehrere Gase in der Atmosphäre, einschließlich CO_2, Strahlungswärme absorbieren (*Notiz* 53). Die von der Erde ausgehende Strahlung ist mit Spektrometern erforscht worden, die auf Satelliten und Höhenforschungsflugzeugen montiert sind. Daher wissen wir, dass die teilweise Blockierung der OLWR auf der Erde durch Absorption innerhalb der Atmosphäre – dem Treibhauseffekt – hauptsächlich vom Wasserdampf verursacht wird, während CO_2 und Methan (CH_4) auch wichtig sind. Es gibt andere Beitragende, wie Ozon, aber ich konzentriere mich hier nur auf die drei bedeutendsten: Wasserdampf, CO_2 und CH_4. Spektrale Absorptionsberechnungen zeigen an, dass etwa die Hälfte der gesamten 150 W/m^2 des Treibhauseffekts durch Wasserdampf, ungefähr ein Fünftel durch CO_2 und der Rest durch CH_4 und andere Komponenten verursacht wird.

Wasserdampf ist unser wichtigstes Treibhausgas. Es ist auch ziemlich besonders. Dies kommt daher, dass Wasserdampf in der Atmosphäre nahezu ausschließlich durch die Temperatur kontrolliert wird, was als sogenannte Clausius-Clapeyron-Beziehung bekannt ist. Je höher die Temperatur, desto mehr Wasserdampf kann die Atmosphäre fassen. Da sich Wasserdampfkonzentrationen mit der Temperatur schnell ändern, ist Wasserdampf kein „antreibendes" Treibhausgas, sondern stattdessen ein „sich ergebendes" Treibhausgas, das eine positive Rückkopplung von zentraler Bedeutung für Klimaänderungen liefert. Wenn die Temperatur aus welchen Gründen auch immer steigt, dann hat auch der atmosphärische Wasserdampfgehalt die Möglichkeit, anzusteigen. Dies verursacht eine verstärkte Blockierung der OLWR durch Absorption in der Atmosphäre, was eine Erwärmung am Boden bewirkt und dies wiederum verursacht eine Intensitätszunahme der OLWR von der Oberfläche. Dies setzt sich fort, bis ein neues Gleichgewicht am oberen Rand der Atmosphäre zwischen Netto-Verlust der OLWR und Netto-Gewinn der ISWR erreicht ist.

Es ist wichtig zu betonen, dass ohne die anderen Treibhausgase alles Wasser schnell kondensieren und aus der Atmosphäre ausfallen würde. Die anderen Treibhausgase „treiben" den Treibhauseffekt an und Wasserdampf verstärkt lediglich ihren Einfluss als eine schnell wirksame Rückkopplung im Klimasystem. Beachten Sie, dass die Wasserdampfzunahmen, zusätzlich zu ihren OLWR-Blockierungs-Effekten, auch die Wolkendecke beeinträchtigen. Einige Wolken sind in hohem Grade reflektierend und können eine Reduzierung in absorbierter ISWR bewirken.

CO2 und CH4 unterscheiden sich hiervon, da sie nicht in der Atmosphäre kondensieren können und somit Treibhaus-Gase bleiben. Beide sind in der Atmosphäre viel seltener als Wasserdampf. CO_2 wird in Teilen pro Millionen (ppm) gemessen, in Form von Volumenprozent. In den natürlichen warmen Klimazuständen vor den menschlichen Aktivitäten, die zwischen den Eiszeiten der letzten Jahrmillion stattfanden, fasste die Atmosphäre etwa 280 ppm an CO_2 oder 0,028 Prozent (Abbildung 2.1). CH_4 ist sogar noch seltener. Es wird in Teilen pro Milliarden (ppb) gemessen. In denselben natürlichen Warmzeiten zwischen den Eiszeiten betrugen die CH_4-Gehalte etwa 700 ppb oder 0,00007 Prozent. Trotz ihrer Seltenheit sind diese Gase so effektiv in teilweiser Blockierung von OWRL, dass sie deutlich messbare spektrale Lücken hervorrufen. Schon 1896 veröffentlichte Svante Arrhenius eine wegweisende Studie (*Notiz 54*), die den Treibhauseffekt als Folge von CO_2 beschrieb.

Da CO_2 und CH_4 in der Atmosphäre selten sind, konnten intensive, vom Menschen bewirkte (anthropogene) Prozesse wie die Verbrennung fossiler Brennstoffe und die Zementproduktion (Abbildung 1.2) zusammen mit der Entwaldung und mit landwirtschaftlichen Aktivitäten, ausgehend von natürlichen Gehalten von 280 ppm beziehungsweise 700 ppb, erhebliche CO_2- und CH_4-Zunahmen zu über 400 ppm, beziehungsweise über 1800 ppb bewirken. Wir formen die natürlichen Konzentrationen dieser mächtigen Treibhausgase eindeutig um. Das letzte Mal, als CO_2-Gehalte in etwa dem heutigen Gehalt von circa 400 ppm entsprachen, war im Pliozän, vor etwa drei Millionen Jahren. Ohne industrialisierte Menschen in der Nähe müssen solche vergangenen CO_2-Gehalte anhand natürlicher Ursachen erklärt werden.

Unter natürlichen Bedingungen ohne menschliche Einflüsse variierten die Gehalte von CO_2 und CH_4 aufgrund der Prozesse in den natürlichen Kohlenstoffkreisläufen. Die Kohlenstoffkreisläufe spannen das komplexe

Interaktionsnetz auf, das Kohlenstoffspeicherung und -austausch zwischen der Biosphäre (Leben), Hydrosphäre (Ozeane, Seen, Flüsse) und Lithosphäre (Felsen und Sedimente) kontrolliert. Deren Prozesse spielen über Zeiträume, die über Tage zu Monaten, Jahren, Jahrzehnten und Jahrhunderten reichen und die sich sogar auf viele Tausende oder Millionen von Jahren ausdehnen, wo Einflüsse der Lithosphäre betroffen sind. Der Kohlenstoffkreislauf wird in Kapitel 4 eingehend erläutert werden.

Bei jeder denkbaren Störung können einige Teile des Kohlenstoffkreislaufs schnell reagieren (beispielsweise die Pflanzenwelt), aber die meisten seiner wesentlichen Prozesse reagieren langsam. Der Kohlenstoffaustausch zwischen der Atmosphäre und der Tiefsee dauert zum Beispiel Tausende von Jahren, teilweise weil es viel Zeit benötigt, die Tiefsee umzuwälzen und teilweise wegen eines Prozesses, der, wie im nächsten Kapitel erklärt, Kohlenstoffkompensation genannt wird. Lithosphärische Prozesse der Sediment- und Gesteinsbildung, Verwitterung und vulkanische Veränderungen sind sogar langsamer und nehmen Millionen von Jahren in Anspruch. Daher sind die CO_2- und CH_4-Gehalte niemals in vollständigem Gleichgewicht mit dem Klima – sie bewegen sich immer entlang eines etwas verzögerten Pfades hin zu einem neuen Gleichgewicht. Wegen ihres langen Anpassungszeitrahmens werden die Kohlenstoffzyklus-Rückkopplungen bei Klimaänderungen als langsame Rückkopplungen eingestuft. Ihre langsamen Reaktionen können zu schweren Ungleichgewichten zwischen schnellen Änderungen im Klimazustand und langsam voranschreitenden Neuanpassungen von CO_2 und CH_4 führen.

Das wirklich interessante, wenn auch etwas verwirrende Ergebnis von all dem ist, dass Änderungen in CO_2- und CH_4-Gehalten sowohl der Motivator für Änderung (zum Beispiel während einer langen Folge intensiver, weitreichender, gewöhnlich kontinentaler Plattenbewegung zugeordneter Vulkanaktivität) als auch durch die verschiedenen Kohlenstoffkreislauf-Komponenten die wichtigsten Rückkopplungen irgendeiner einleitenden Änderung im Klima sein können. Wenn wir also sehen, wie sich CO_2 mit dem Klima ändert, dann muss dies nicht bedeuten, dass CO_2 der endgültige Auslöser der Änderung war, aber es wird mit Sicherheit eine der wichtigsten Rückkopplungen sein, die die Änderung beeinflusst, wenn sie erst einmal begonnen hat. Die Auswirkungen der Änderungen in CO_2 und anderen Treibhausgasen wiederum werden durch die schnell wirksame Wasserdampf-Rückkopplung erheblich verstärkt sein. Wenn sich CO_2 zuerst ändert – wie heutzutage bei der anthropogenen Freisetzung dieses Gases – dann folgt die Temperaturänderung, die dies hervorruft, ebenso, mit verschiedenen verstärkenden und einigen abschwächenden Auswirkungen, in Kettenreaktionen auf die verschiedenen Rückkopplungsprozesse. In solch einem komplexen Netz an Rückkopplungen ist es nicht wirklich wichtig, wo wir anfangen.

Da der Kohlenstoffzyklus viele langsame Komponenten beinhaltet, können vollständige CO_2-Anpassungen manchmal wirken, als ob sie Hunderte bis Tausende von Jahren hinter den auslösenden Klimaänderungen zurückblieben. Dies bedeutet nicht, dass CO_2 „dem Klimawandel nur folgt", oder dass „CO_2 den Klimawandel nicht antreibt", wie wir es manchmal hören. Es bedeutet nur, dass CO_2 Teil eines unverzichtbaren Rückkopplungsmechanismus hinsichtlich jeglicher Änderung ist, was auch immer ihre Ursache ist. Es ist ein wenig wie ein Fahrrad ohne Freilauf-Eigenschaft: Wenn Sie in dessen Pedale treten, werden sich seine Räder drehen. Aber auch wenn seine Räder sich zu drehen beginnen (etwa, da es am Hang steht), drehen sich seine Pedale. Es spielt keine Rolle, wo Sie in diesem Rückkopplungszyklus zu treten beginnen. Letztendlich werden sich alle Komponenten schneller drehen, und Sie können alles auf unterschiedliche Art und Weise dazu bringen, sich schneller zu drehen; zum Beispiel, indem Sie das Fahrrad einen steileren Hang hinunterlenken oder stärker in dessen Pedale treten, oder beides zusammen. Wenn Sie eine Analogie für den Effekt langsamer Reaktionen auf Kohlenstoffzyklen miteinbeziehen möchten, dann denken Sie darüber nach, die Fahrradpedale durch eine dehnbare Kette mit den Rädern zu verbinden. Zunächst bietet die Dehnung Raum für all die Änderung, indem sie eine Ansprechverzögerungszeit zwischen Pedalen und Rädern ergibt. Aber schlussendlich werden sich alle Komponenten wieder zugleich drehen. Es ist wichtig, diese komplex verknüpfte Systemeigenschaft im Hinterkopf zu behalten.

Ansonsten riskieren wir es, schlimme Fehler bei der Suche nach einfachen Ursache-Wirkung-Beziehungen zu machen.

3.2 EINE PERSPEKTIVE AUSGEHEND VON STUDIEN ÜBER VERGANGENE KLIMATA

Paläoklimatologie-Studien haben gezeigt, dass sich während der letzten Hunderten von Millionen von Jahren der geologischen Zeit lange und warme Perioden mit hohen CO_2-Gehalten bis zu ein paar Tausend ppm mit kälteren Perioden mit allgemein niedrigen CO_2-Gehalten abwechselten, die bis zu 100 bis 150 ppm hinunterreichten. Diese langen Zyklen weitreichender CO_2-Änderung (Abbildung 2.2) resultierten aus Bewegungen kontinentaler Platten und damit verbundener Gebirgsbildung, Verwitterung, Vulkanaktivität und anderen Prozessen der Lithosphäre (*Notiz 52*). Wir befinden uns gegenwärtig in einer Niedrig-CO_2-Phase dieser Lang-Zeit-Schwankung mit CO_2-Gehalten von nur bis zu 280 ppm in den natürlichen warmen Zuständen der vergangenen Jahrmillion und hinunter bis 180 ppm während der Eiszeiten innerhalb dieser Periode (Abbildung 2.1). Diese allgemein niedrigen CO_2-Gehalte erklären, warum sich Eiszeiten häufig innerhalb der vergangenen Jahrmillion ereigneten und warum große Eisschilder sogar während den dazwischenliegenden wärmeren Intervallen überlebten – in der heutigen Warmphase gibt es nach alldem immer noch sehr große Eisschilder in der Antarktis und in Grönland, die zusammen genug Wasser fassen, um einen globalen Meeresspiegelanstieg von etwa 65 Metern zu verursachen, wenn sie alle schmelzen würden.

Wenn wir eine langzeitliche Perspektive einnehmen und die vergangenen 500 Millionen Jahre betrachten, dann stellen wir fest, dass es ziemlich außergewöhnlich ist, viel Eis auf der Erde zu haben (das Vorhandensein großer Eismassen fällt geologisch auf). Zu mehr als 90 Prozent jener Zeit war die Erde wärmer als heute. Während der triassischen bis hin zu kretazeischen Perioden (vor 252 bis 66 Millionen von Jahren), als Dinosaurier die Erde durchstreiften, erreichten tropische Ozeane zeitweise nahezu 35°C und polare Regionen etwa 15 bis 20°C. Die berechtigte Frage ist: Warum war die Erde so warm?

Um ein grobes Gefühl für das, was sich ereignete, zu erhalten, benötigen wir keine sehr differenzierten Modelle. Einfache Beweise und Ergebnisse genügen. Ohne Eisschilder und sich vom Äquator bis hin zu den Polen erstreckender üppiger Vegetation wäre die Erde weniger reflektierend als sie es heute ist. Technisch gesehen würde sie eine niedrigere Albedo haben. Aber es ist schwierig, sich vorzustellen, wie dies die absorbierte ISWR um mehr als 10 W/m^2 anheben würde. Zusätzlich waren die Kontinente und Ozeane anders als heute verteilt und die Positionen, Orientierungen und Höhen der Gebirgszüge waren unterschiedlich (*Notiz 52*). Solche Einflüsse könnten eine zusätzliche Änderung im absorbierten Anteil der ISWR verursacht haben. Lassen Sie uns eine großzügige Berechnung machen, dass dies im Vergleich zu heute den Überhang der absorbierten ISWR von 10 zu 20 W/m^2 verdoppelte. Damit erhalten wir die grobe Schätzung, dass die absorbierte ISWR etwa 260 W/m^2 gewesen sein könnte.

Für eine globale Durchschnittstemperatur von etwa 10°C über der heutigen - die etwa 25°C beträgt - können wir das Stefan-Boltzmann-Gesetz nutzen, um festzustellen, dass die OLWR von der Oberfläche etwa 450 W/m^2 wäre. Die Netto-OLWR in den Weltraum dürfte die Netto-ISWR nach der Reflexion nahezu ausgeglichen haben, andernfalls wäre das Klima unkontrollierbar erhitzt oder abgekühlt worden und hätte somit die Dinosaurier gekocht oder erfrieren lassen, was nicht geschah. Daher dürfte die Netto-OLWR in den Weltraum bei nahezu 260 W/m^2 gelegen haben. Deshalb stellen wir fest, dass es 450-260 = 190 W/m^2 der OLWR von der Oberfläche niemals ins Weltall schafften. In anderen Worten, 190 W/m^2 wurden von der Atmosphäre zurückgehalten. Heute beträgt dieser Wert der zurückgehaltenen OLWR 150 W/m^2. Diese einfache Berechnung zeigt, dass der Treibhauseffekt in der Warmzeit der Dinosaurier etwa 40 W/m^2 intensiver als heute gewesen zu sein scheint.

Nun sollten wir einen Schritt zurückgehen und prüfen, ob diese grobe Auswertung möglicherweise komplett falsch sein könnte, zum Beispiel, weil die Sonne in der Vergangenheit stärker war, was einen Zuwachs in den zuvor angenommenen 260 W/m^2 bedeuten würde. Die einfache Antwort ist nein, da die Entwicklung eines sonnenähnlichen Sterns einschließt, dass die Sonne mit der Zeit über Hunderte von Millionen bis zu Milliarden von Jahren intensiver wurde. Über die letzten Jahrmilliarde hat die sogenannte Helligkeit der Sonne um 7 bis 8 Prozent zugenommen (*Notiz 55*) oder grob 0,7 bis 0,8 Prozent alle hundert Millionen Jahre. Somit wäre die Sonne während der Warmzeit der Dinosaurier 0,5 bis 2 Prozent weniger intensiv als heute gewesen. Unsere frühere Auswertung ist mit Sicherheit nicht wegen einer helleren Sonne falsch; die Sonne war eher ein kleines bisschen weniger hell. Mit keiner zusätzlich einfallenden Energie muss die Erklärung für die überschüssige Wärme während der Zeit der Dinosaurier in der isolierenden Rolle des Treibhauseffekts gesucht werden.

Dies bringt uns zu einer nächsten Frage, nämlich: *Wie viel des zusätzlichen Treibhauseffekts könnte mit einer Zunahme des atmosphärischen Wasserdampfgehalts in der wärmeren Erde erklärt werden?* Für eine globale durchschnittliche Temperaturänderung von 15 zu 25°C zeigt die Gleichung von Clausius-Clapeyron an, dass der sogenannte Sättigungs-Wasserdampfdruck in der Atmosphäre um etwa 90 Prozent gesteigert sein wird (*Notiz 56*). In „einfacher Sprache" bedeutet dies, dass die gesamte Menge an Wasserdampf, die in der Atmosphäre enthalten sein könnte, nahezu verdoppelt sein wird. Die relative Luftfeuchtigkeit wird an diesem Wasserdampf-Sättigungsdruck gemessen; es ist das Verhältnis, wie viel Wasserdampf dort ist, das dort relativ zum Maximum sein könnte. Wenn wir annehmen, dass die relative Luftfeuchtigkeit nicht geändert wurde, dann schließt ein globaler Durchschnittstemperaturzuwachs von 10°C ein, dass Wasserdampf etwa 20 W/m^2 vom zusätzlichen 40 W/m^2 Treibhauseffekt während der Warmzeit der Dinosaurier liefern würde (*Notiz 57*). Somit erklärt die Wasserdampf-Rückkopplung etwa die Hälfte der zusätzlichen in der Atmosphäre zurückgehaltenen OWLR während der Warmzeit der Dinosaurier. Beachten Sie, dass eine ähnliche 50:50-Teilung spektraler Absorptionsstudien für den heutigen Treibhauseffekt bestimmt worden ist. Vereinfacht ausgedrückt, wenn Zunahmen in Treibhausgasen wie CO_2 und CH_4 eine Zunahme zurückgehaltener atmosphärischer OWLR und somit der Temperatur verursacht, dann können wir erwarten, dass die direkte Wirkung durch die Wasserdampf-Rückkopplung in etwa verdoppelt sein wird.

Wenn der verbleibende 20 W/m^2-Treibhauseffekt-Überschuss der vergangenen Warmzeit in Bezug zur Gegenwart ausschließlich aus dem CO_2 resultieren würde, dann könnten wir die vergangenen CO_2-Konzentrationen bestimmen. Dies liegt daran, dass jede Verdopplung der CO_2-Gehalte (zum Beispiel von 140 auf 280 ppm, von 280 auf 560 ppm oder von 560 auf 1 120 ppm) dafür bekannt ist, etwa 4 W/m^2 an Änderung hervorzurufen. Eine Zunahme von 20 W/m^2 bedeutet daher fünf Verdopplungen der CO_2-Gehalte in Bezug zu jenen vor der Industriellen Revolution, die etwa 280 ppm betrugen. Fünf Verdopplungen würden von 280 auf 560, auf 1 120, auf 4 480 und schließlich auf 8 960 ppm steigen. Auf diese Weise erhalten wir eine hohe Schätzung von nahezu 9 000 ppm für die Warmzeit der Dinosaurier. Aber dies ist eine drastische Schätzung, in der CO_2 abgesehen von der Wasserdampf-Komponente für alles verantwortlich gemacht wird und andere Treibhausgase vollständig ignoriert werden. Wenn wir stattdessen annehmen, dass CO_2 zu etwa einem Fünftel der gesamten 40 W/m^2-Änderung beitrug, vergleichbar mit dessen Beitrag zum heutigen Treibhauseffekt, dann verantwortete CO_2 8 W/m^2. Das ist gleichbedeutend mit zwei Verdopplungen der CO_2-Konzentrationen verglichen mit dem vorindustriellen Wert. Wir erhalten auf diese Weise mit 1120 ppm eine ungefähre Schätzung der Untergrenze der CO_2-Gehalte in der warmen Welt der Dinosaurier. Diese Schätzung der Untergrenze stimmt sehr gut mit Schätzungen überein, die ausgehend von geologischen Messungen gemacht wurden (Box 3.3.; siehe auch Abbildung 2.2) (*Notiz 58*).

Unsere zwei Szenarien erlauben es uns, eine grobe Schätzung eines kritischen Begriffs in der Klimawissenschaft, und zwar der Erdsystem-Empfindlichkeit, zu machen. Dies ist die Menge der gesamten Erwärmung hinsichtlich einer Änderung in CO_2-Konzentrationen, letztere ausgedrückt als die Anzahl der Verdopplungen der vorindustriellen 280 ppm. Im Extremfall, in dem wir fünf Verdopplungen von CO_2 berechnet haben, schließen wir auf eine Erdsystem-Empfindlichkeit von einer 10°C-Änderung alle fünf Verdopplungen zusammen genommen oder 2°C pro Verdopplung. In dem realistischeren Szenario schließen wir auf eine Erdsystem-Empfindlichkeit von 10°C alle zwei Verdopplungen oder 5°C pro Verdopplung. Wie realistisch ist dieser grob geschätzte Wertebereich von 2 bis 5°C pro CO_2-Verdopplung? Nun, eine Erfassung der ganzen Bandbreite an Studien von heutigen und vergangenen Klimata ließ auf einen wahrscheinlichen Bereich von 2,2 bis 4,8°C pro CO_2-Verdopplung schließen (*Notiz 59*). Und eine eingehende Prüfung des Klimas von vor 2,3 bis 3,3 Millionen Jahren, als CO_2-Gehalte zuletzt ähnlich wie die heutigen waren, hat das kürzlich bestätigt (*Notiz 60*). Unser vereinfachtes Beispiel könnte letzten Endes doch nicht so schlecht sein; es mag ungenau sein, aber es wird für Illustrationszwecke genügen.

Box 3.3

Da wir keine Methoden haben, um vergangene CH_4-Gehalte in geologischer Tiefenzeit zu messen – oder jene der anderen, weniger wichtigen Treibhausgase –, konnten unsere einfachen Beweisgründe unsere CO_2-Gehaltsschätzungen in der warmen Welt der Dinosaurier nur auf irgendeinen Wert zwischen 1.100 ppm und 9.000 ppm begrenzen. Ein Vergleich mit geologischen Messungen legt nahe, dass die Untergrenze unseres Bereichs realistischer ist. Dies zeigt, dass die Verhältnismäßigkeiten der Treibhauseinflüsse zu Wasserdampf, CO_2 und den anderen Einflüssen ziemlich ähnlich zu den heutzutage beobachteten gewesen zu sein scheinen (das heißt vor der Industriellen Revolution); etwa 50 Prozent gab es aufgrund von Wasserdampf, 20 Prozent wegen CO_2 und der restliche Teil infolge anderer Komponenten. Solch eine „Stabilität“ dieser Verhältnismäßigkeiten verweist durch eng miteinander verknüpfte Rückkopplungsvorgänge innerhalb des Kohlenstoff- und des hydrologischen (Wasser-)Kreislaufs auf die Existenz eines kompliziert zusammenhängenden natürlichen Reaktionszyklus.

3.3 ZUSAMMENFASSUNG UND AUSBLICK

In diesem Kapitel haben wir die Energiebilanz des Klimas erläutert. Wir bestimmten den globalen Jahresdurchschnitt einfallender Kurzwellenstrahlung (ISWR), die durch die Sonne an der Oberfläche der Atmosphäre erhalten wurde und ermittelten, wie verschiedene Reflexions-(Albedo-)Faktoren diese reduzieren, bevor ein Teil der ISWR von der Erdoberfläche absorbiert wird, wo sie Erwärmung verursacht. Wir legten dar, dass dieses Netto der absorbierten ISWR durch die hinausfließende Langwellenstrahlung (OLWR) an der Oberfläche der Atmosphäre insgesamt nahezu ausgeglichen werden muss, da sich die Erde nicht in einem unkontrollierbaren Eis-Haus- oder Treibhaus-Zustand befindet. Aber basierend auf Beobachtungen der Oberflächentemperaturen sahen wir, dass die von der Erdoberfläche abgestrahlte OLWR etwa 150 W/m^2 höher ist als die OLWR, die ins Weltall geht. Dies ist die Energie, die von der Atmosphäre zurückgehalten wird; sie ist der Treibhauseffekt in Bezug auf die Energie. Auf diesem Weg bestimmten wir auch den Treibhauseffekt in Bezug auf die Temperatur und wir stellten fest, dass die Erde etwa 33°C wärmer ist, als sie es ohne Atmosphäre wäre.

Im Rahmen dieser Diskussionen betrachteten wir die wesentlichen Rückkopplungsprozesse im Klima und deren Zeiträume. Und wir begegneten auch den wesentlichen Treibhausgasen. Hinsichtlich des Stellenwerts sahen wir, dass Wasserdampf überwiegt (etwa 50 Prozent), aber ein „kondensierendes" Treibhausgas ist, das von anderen Treibhausgasen angetriebenen Temperaturschwankungen nur folgt und diese verstärkt. Als nächstes im Sinne der Wichtigkeit kommt CO_2 (etwa 20 Prozent), während CH_4 und andere Gase den Rest ausmachen. Wir betrachteten die menschliche Einwirkung auf Kohlenstoffemissionen, die seit Beginn der Industriellen Revolution einen schnellen und weitreichenden Treibhausgasanstieg antreiben, und wir begannen dies mit natürlichen Schwankungen der vergangenen 800 Tausend und sogar 500 Millionen Jahre zu vergleichen.

Schließlich stellten wir fest, dass der Treibhauseffekt eine nachvollziehbare Erklärung für vergangene warme Perioden bietet. Aber Menschen und deren Vorfahren (zum Beispiel *Homo habilis, H. erectus, H. ergaster, H. hei-*

delbergensis, H. neanderthalensis, und *H. sapiens*) gibt es erst seit etwa 2,5 Millionen Jahren, wovon sich *H. sapiens* bloß über 300 000 Jahre erstreckt, und unsere gesamte menschliche Abstammung mit einem meist aufrechten Gang scheint sich nur bis etwa 4,2 Millionen Jahre zurückzuerstrecken. Offensichtlich hatten Menschen deswegen nichts mit Klimaänderungen der fernen Vergangenheit zu tun, und dennoch gab es dort weitreichende Änderungen der Treibhausgaskonzentrationen (Abbildungen 2.1, 2.2). Dies verwirrt viele.

Drei Fragen werden für gewöhnlich aufgeworfen:

1. Was ließ deren Konzentrationen ohne Treibhausgase aussendende Menschen hinauf- und hinuntergehen?
2. Mit dem Wissen über natürliche Zyklen der Treibhausgas-Anstiege und -Rückgänge: Woher wissen wir, dass die gegenwärtige Treibhausgaszunahme nicht einfach Teil eines solchen natürlichen Zyklus ist?
3. Akzeptiert man, dass die wesentlichen natürlichen CO_2-Schwankungen sich ereignet haben, bevor der Mensch existierte, hat die Natur eindeutig Wege und Mittel, mit CO_2 umzugehen – wird die Natur daher nicht einfach „zu Hilfe kommen“ und die von Menschen freigesetzten Treibhausgase aus der Atmosphäre entfernen?

Um die erste Frage zu beantworten, betrachtet Kapitel 4 die Antriebskräfte der natürlichen Klimaschwankungen vor dem menschlichen Eingriff, einschließlich der natürlichen Prozesse, die früher die Treibhausgas-Konzentrationen beherrschten. Die zweite Frage wird in Kapitel 5 durch den Vergleich heutiger Änderungen mit vergangenen (natürlichen) Änderungen untersucht. Mit der dritten Frage, die sich auf beobachtete Grenzen der Grade natürlicher Klimawandelprozesse stützt, beschäftigen wir uns in Kapitel 6.

[4]

URSACHEN DES KLIMAWANDELS

Die Ursachen natürlicher Klimaschwankungen, vor menschlichen Einwirkungen, entstanden typischerweise durch eines oder mehr der folgenden Ereignisse: Kohlenstoffzyklus-Änderungen, astronomische Änderungen in der Erd-Sonnen-Konstellation, große vulkanische Eruptionen (insbesondere mit der Plattentektonik verbundene, große vulkanische Ereignisse), Asteroideneinschläge oder Schwankungen in der Sonnenstrahlungsintensität. Änderungen des Kohlenstoffkreislaufs mögen aus eigenem Antrieb heraus agiert haben, aber sie waren als Rückkopplung auch oft involviert in die Verstärkung der Klimareaktionen auf ursprünglich von anderen Mechanismen angetriebene Änderungen.

In den folgenden Abschnitten werden wir jeden dieser Prozesse nacheinander betrachten.

4.1 ÄNDERUNGEN DES KOHLENSTOFFKREISLAUFS

Wenn wir die dominanten Änderungen in den Treibhausgas-Konzentrationen diskutieren wollen, konzentrieren wir uns hauptsächlich auf CO_2 und CH_4, wovon CO_2 auf längeren Zeitskalen der dominierende ist, da es in viel höheren Konzentrationen existiert und viel länger in der Atmosphäre verbleibt als CH_4. Wie zuvor erwähnt, erforschen wir dann gewöhnlich Dinge in Bezug auf Kohlenstoff(C)-Emissionen und -Aufnahme, da uns dies erlaubt, Schwankungen direkt mit Änderungen im Kohlenstoffzyklus in Beziehung zu setzen und wie wir Menschen sie beeinflussen.

Der Kohlenstoffzyklus verkörpert ein komplexes Netz an Wechselwirkungen, welche Kohlenstoffspeicherung und -austausch zwischen der Biosphäre (Leben), der Hydrosphäre (Ozeane, Seen, Flüsse) und der Lithosphäre (Gestein und Sedimente) kontrollieren (Abbildung 4.1). Wir müssen bei dessen Erörterung zwei entscheidende Bedingungen beachten. Die erste ist als Speicherfüllung bekannt. Diese steht für die Menge an Kohlenstoff, die in jedem Speicher, wie Pflanzen und Bäume, der Ozean oder Karbonatgestein, enthalten ist. Die zweite Bedingung ist als Fluss bekannt, und dieser bezieht sich auf die Menge an Kohlenstoff, die zwischen zwei Speichern innerhalb eines Jahres ausgetauscht wird. Da die involvierten Kohlenstoffmengen riesig sind, geben wir sie gewöhnlich in Gigatonnen (Gt) wieder. Eine Gigatonne ist eine Milliarde (Eintausend Millionen) Tonnen, wobei eine Tonne für 1 000 kg steht. Am häufigsten wird diese Bezeichnung im Ausdruck Kohlenstoff-Gigatonnen oder GtC verwendet.

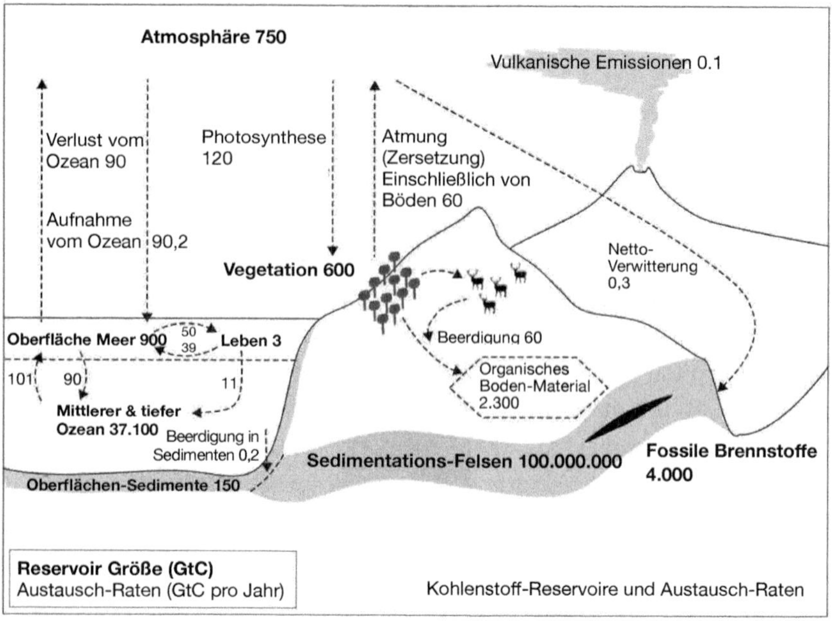

Abbildung 4.1. Näherungen der natürlichen Kohlenstoffspeichergrößen (Fettdruck, in GtC) und -flüsse zwischen ihnen (in GtC pro Jahr), (vergl. i).
Die für die Flüsse vorliegenden Werte sind gegenüber jenen geschätzt, die für das natürliche System der vergangenen Jahrmillion (vor dem Menschen) ermittelt wurden (vergl. ii). Es gibt ein Netto-Ungleichgewicht der Kohlenstoffabtragung (Sedimentbestattung + Verwitterung) gegenüber der Kohlenstoffzufuhr (vulkanische Emissionen) von ungefähr 0,4 GtC pro Jahr. Dieses natürliche Ungleichgewicht würde einen allmählichen Kohlenstoffverlust im Atmosphäre-Ozean-Biosphäre-System verursachen, was sich schließlich in einen sehr langsamen CO_2-Rückgang übertragen würde. Menschliche Aktionen haben jedoch eine bis zu 10 GtC pro Jahr zusätzliche Zufuhr in diesem natürlichen System verursacht (Abbildungen 1.2, 2.1), was einen schnellen CO_2-Anstieg verursachte.

i. Rohling, E. J.: The oceans: a deep history. Princeton University Press, 272, 2017. ISBN 9781400888665.

ii. Wallmann, K. und Aloisi, G.: „The global carbon cycle: geological processes." In Fundamentals of Geobiology, ed. Knoll, A. H., Canfield, D. E. und Konhauser, K. O. First Edition, 20–35. Blackwell Publishing Ltd., 2012. http://geosci.uchicago.edu/kite/doc/Fundamentals_of_Geobiology_Chapter_3.pdf

Es gibt mehrere Kohlenstoffspeicher von Bedeutung (Abbildung 4.1). Die Atmosphäre enthält ein ungefähres Volumen von 750 GtC. Die Landbiosphäre – die lebende Fauna und Flora – umfasst etwa 600 oder 700 GtC an lebendem Material und mehr als 2 000 GtC an totem Material. Der Ozean enthält 38 000 GtC gelösten anorganischen Kohlenstoffs, von dem sich der Großteil in der Tiefsee befindet. Fossile Brennstoffe und Schiefer enthalten zusammen mehr als 12 000 GtC, wovon „reine" fossile Brennstoffe mindestens 4 000 GtC ausmachen. Sedimente an der Meeresoberfläche enthalten 150 GtC und Sedimentgesteine enthalten mindestens 100 Millionen GtC. Im Gegensatz zu all diesen großen Speichern enthält die ozeanische Biosphäre nur 3 GtC an lebendem Material und wir werden es deshalb vernachlässigen.

Die Kohlenstoffflüsse zwischen den Speichern sind in Abbildung 4.1 in dünnerer Druckschrift angegeben, zusammen mit ihren angenäherten Werten in GtC pro Jahr (GtC/y). Unter natürlichen Bedingungen – bevor der Mensch einen merklichen Einfluss auf den Kohlenstoffkreislauf hatte – waren die Flüsse sehr eng miteinander ausgeglichen, was den Netto-Kohlenstoffaustausch zwischen den Sedimentgesteinen (und den darin enthaltenen fossilen Brennstoffen), und den aktiven Komponenten des Klimasystems (Atmosphäre, Ozean und Biosphäre) betrifft. Sie kennen diese aus Abschnitt 2.3 als Austausch von sogenanntem externem Kohlenstoff.

Wären der Eingang und der Ausgang von externem Kohlenstoff nicht sehr ausgeglichen, dann hätte es einen Ausreißer zu Null CO_2 oder maximalem CO_2 in der Atmosphäre gegeben, was auf der Erde nicht passiert ist: Die atmosphärischen CO_2-Schwankungen hielten sich zwischen etwa hundert und ein paar Tausend ppm in Grenzen (Abbildung 2.2). Im Gegensatz dazu hat es auf der Venus einen Ausreißer zum CO_2-Maximum gegeben, wo CO_2 nun mehr als 96 Prozent der dichten Atmosphäre ausmacht und wo die Temperaturen nahe 460°C liegen.

Es ist jedoch wichtig zu beachten, dass das Gleichgewicht zwischen externem Kohlenstoff-Eingang und -Ausgang nicht vollkommen perfekt ist. Meistens gab es winzige Verschiebungen im externen Netto-Kohlenstofffluss des natürlichen Systems. Zeiten mit geringen Netto-Kohlenstoffgewinnen im aktiven Klimasystem waren durch langsame CO_2-Zunahmen gekennzeichnet, und Zeiten mit Netto-Kohlenstoffverlusten aus dem aktiven Klimasystem verursachten einen langsamen CO_2-Abfall. Obgleich sie winzig sind, wirkten diese externen Netto-Kohlenstoffflüsse über unvorstellbar lange geologische Zeiträume von Millionen bis Hunderten von Millionen Jahren und dies ermöglichte es, dass sich ihre Auswirkungen zu langfristigen CO_2-Schwankungen über den beobachteten Bereich von einigen Tausend ppm akkumulieren konnten (Abbildung 2.2). Während der letzten Millionen Jahre gab es einen geringen Nettoverlust (Abbildung 4.1).

Sogar unter natürlichen Bedingungen haben sich gelegentliche Einspeisungen externen Kohlenstoffs auf schnellere Weise durch große natürliche CH_4- und/oder CO_2-„Rülpser" ereignet, die kürzere und schärfere Klimaereignisse über Tausende bis einige Hunderttausend Jahre verursacht haben. Wir werden später in diesem Abschnitt sehen, dass die CO_2-Änderung für ein großes Beispiel solcher Ereignisse zwischen 500 und 3 000 ppm geschätzt wird, mit Raten von 0,3 bis 1,7 GtC pro Jahr (*Notiz 63*) oder bei engeren Schätzungen von 0,6 bis 1,1 GtC pro Jahr (*Notiz 64*). Im Vergleich dazu ist der vom Menschen verursachte „Rülpser" des externen Kohlenstoffeintrags in das Klimasystem in den letzten Jahren auf gewaltige 10 GtC pro Jahr angewachsen (Abbildung 1.2). Der menschliche Einfluss modifiziert das natürliche Gleichgewicht von Abbildung 4.1 durch Hinzufügen eines Flusspfeils zwischen dem Speicher fossiler Brennstoffe und der Atmosphäre von bis zu 10 GtC/Jahr. Für die natürlichen „Rülpser" hätte dieser zusätzliche Pfeil einen Wert von 0,3 bis 1,7 GtC/Jahr gehabt.

Bei der Betrachtung von Veränderungen im Kohlenstoffkreislauf müssen wir eine grundlegende Unterscheidung zwischen zwei Haupttypen von Veränderungen treffen. Der erste Typ von Veränderungen im Kohlenstoffkreislauf betrifft Schwankungen, die eine externe Netto-Kohlenstoffzufuhr oder -abfuhr aus dem Hydrosphäre-Biosphäre-Atmosphäre-System beinhalten, also *innerhalb* des aktiven Klimasystems. Der zweite Typ betrifft Schwankungen im Kohlenstoffkreislauf, die keine Nettozu- oder -abgänge, sondern nur Umverteilungen des Kohlenstoffs zwischen Hydrosphäre, Biosphäre und Atmosphäre beinhalten. Im Folgenden besprechen wir jeden Typ ausführlicher.

Der erste Typ der Kohlenstoffkreislauf-Schwankungen beinhaltet typischerweise den Kohlenstoffaustausch mit der Lithosphäre – den Gesteinen und Sedimenten. Zum Beispiel erfolgt der Kohlenstoffentzug durch die Bildung von Sedimenten, die anschließend begraben und somit von den Wechselwirkungen zwischen Hydrosphäre, Biosphäre und Atmosphäre ausgeschlossen werden. Oder es kommt zu einer Nettozufuhr von Kohlenstoff aus Gesteinen und Sedimenten oder aus Lagerstätten fossiler Brennstoffe, die zuvor nicht mit der Hydrosphäre, der Biosphäre oder der Atmosphäre ausgetauscht wurden. Dies kann durch das Austreten vulkanischer CO_2-Gase geschehen, die durch das „Kochen" von Sedimenten dort freigesetzt werden, wo maritime Platten mit Sedimenten in Absinkzonen unter kontinentale Platten gedrückt werden; denken Sie zum Beispiel an den „Feuerring" um den Pazifik. Es kann auch durch die Oxidation organischen Materials geschehen, das in Sedimenten (oft Schiefer) enthalten war oder „reiner" fossiler Brennstoffe (Öl, Gas und Kohle), wenn sie durch Zyklen der Gebirgsbildung und Verwitterung freigelegt werden.

Übrigens könnte die Oxidation von fossiler Brennstoffe entweder auf natürliche Weise stattfinden – was normalerweise einen kleinen Fluss darstellt – oder sie könnte durch den Abbau und die Verbrennung fossiler Brennstoffe durch den Menschen „künstlich unterstützt" werden. Die Auswirkungen großer und schneller Zunahmen externen Kohlenstoffeintrags jeglicher Art sind sofort offensichtlich: Die CO_2-Gehalte sowohl in der Atmosphäre als auch im Ozean müssten mit einem entsprechend großen und schnellen Anstieg reagieren, was ein Tandem aus Erwärmung aufgrund des CO_2-Anstiegs in der Atmosphäre und Ozeanversauerung aufgrund des erhöhten CO_2-Eintrags in den Ozean zur Folge hätte (*Notiz 52*). Da ein natürlicher „Rülpser" externen Kohlenstoffs in das Klimasystem ähnliche Folgen hat wie ein vom Menschen verursachter Eintrag externen Kohlenstoffs, können wir uns Aufzeichnungen solcher natürlicher Ereignisse in der geologischen Aufzeichnung anschauen, um ein Gefühl für das mögliche Ausmaß und die Dauer der Folgen menschlichen Handelns zu bekommen.

Der große natürliche Antrieb hinter den langfristigen, großräumigen atmosphärischen CO_2-Zyklen der Erde ist die Intensität der sogenannten

Plattentektonik der Erde. Wie bereits erwähnt, handelt es sich bei der Plattentektonik um die Bewegung weltweiter Kontinentalplatten, die an manchen Stellen durch die Öffnung neuer Ozeane durch Spreizung an mittelozeanischen Rücken (ein stark vulkanischer Vorgang) auseinanderdriften und an anderen Stellen durch die Zerstörung von Ozeanbecken an sogenannten „Subduktionsrändern" (noch stärkerer Vulkanismus) zusammendriften (*Notiz 52*). Dieser Prozess ewiger Bewegung wird letztlich durch die Energie aus der inneren Wärmekraftmaschine des Planeten angetrieben.

Die Verwitterung von Silikat- und Karbonatgesteinen bildet das entscheidende Bindeglied zwischen dem Austritt vulkanischer externer Kohlenstoffgase in die Atmosphäre und dem Kohlenstoffentzug aus dem Hydrosphäre-Biosphäre-Atmosphäre-System durch die Bildung von Meeressedimenten. Die Verwitterung dieser Gesteinsarten verbraucht atmosphärisches CO_2 und wird während Perioden der Freilegung frischen Gesteins, insbesondere durch die Bildung neuer Gebirgszüge intensiviert. Die Bildung neuer Gebirgszüge wird wiederum während Perioden aktiver Plattentektonik intensiviert. Intensivierte Plattentektonik verursacht also sowohl verstärkten Austritt vulkanischer Gase, die das atmosphärische CO_2 aufzubauen beginnen als auch die allmähliche Bildung neuer Gebirgszüge, die durch Verwitterung CO_2 zu verbrauchen beginnen. In Form von Bikarbonat(HCO_3^-)- und Karbonat(CO_3^{2-})-Ionen im Flusswasser gelangt der durch Verwitterung entzogene Kohlenstoff in den Ozean, wo er schließlich in Meeressedimenten eingeschlossen wird. Ein verkomplizierender Faktor beim Einfluss der Verwitterung ist, dass die Verwitterung verschiedener Gesteinsarten unterschiedliche Auswirkungen auf CO_2-Gehalte hat. Die Verwitterung (Oxidation) sedimentären organischen Materials ist eine CO_2-Quelle für das Klimasystem. Die Verwitterung von Silikatgestein verbraucht mehr CO_2 pro chemischer Einheit (Mol) an Gesteinsmineralien als die Verwitterung von Karbonatgestein. Eine vollständige Berechnung langfristiger CO_2-Schwankungen muss daher nicht nur Prozesse wie den Austritt vulkanischer Gase und temperaturabhängige globale Verwitterungsraten berücksichtigen, sondern auch Änderungen der Gesteinsarten, die im globalen Durchschnitt verwittert werden (*Notiz 66*), da diese Änderungen die durch Verwitterung verbrauchte Nettokohlenstoffmenge beeinflussen, selbst wenn die gesamten Verwitterungsraten konstant blieben (siehe Notiz *ii* in Abbildung 4.1).

All diese Prozesse, die an den langfristigen Kohlenstoffschwankungen beteiligt sind, wirken in unterschiedlichen Zeiträumen. Diese Unterschiede verursachen dann die winzigen Unregelmäßigkeiten im Gleichgewicht zwischen externem Kohlenstoffeintrag in das Hydrosphäre-Biosphäre-Atmosphäre-System und dessen Entnahme aus diesem System, die sich wiederum über die extrem langen geologischen Zeiträume zu langfristigen Hochs und Tiefs in atmosphärischen CO_2-Gehalten aufbauen (Abbildung 2.2). Auch hier zeigt sich, dass es ein kompliziertes Netz an Wechselwirkungen gibt, das dazu beiträgt, CO_2-Gehalte in bestimmten Grenzen zu halten.

Nur unter sehr außergewöhnlichen Umständen können diese komplizierten Kontrollen und Gleichgewichte versagen, was zu einer irreversiblen Ausreißer-Situation führen würde, wie auf der Treibhaus-Venus (Box 4.1). Obgleich plattentektonische Prozesse der große Antreiber sind, ist das Leben auf der Erde der Schlüssel für die Feinabstimmung. Es reguliert die Kohlenstoffaufnahme und -abgabe sowohl über organische als auch über anorganische (Karbonat-)Prozesse, und es reguliert sogar die Verwitterungsraten durch mikrobielle und Pflanzenwurzel-Prozesse. Es ist vielleicht nicht unvernünftig, anzunehmen, dass das Fehlen von Leben auf der Venus eine gewisse Rolle bei Dingen gespielt hat, die dort aus den Fugen geraten sind, während seine Anwesenheit auf der Erde geholfen hat, alles in vernünftigen Grenzen zu halten.

Lassen Sie uns nun einen genaueren Blick auf die schnelleren Ereignisse („Rülpser“) des externen Kohlenstoffeintrags in der geologischen Vergangenheit, innerhalb weniger Jahrtausende, werfen. Mehrere dieser Ereignisse fanden während des Paläozäns und des Eozäns (vor etwa 66 bis 34 Millionen Jahren) statt und sind in Form von auffälligen Anomalien in stabilen Kohlenstoffisotopenverhältnissen zu erkennen – sie sind als Kohlenstoff-Isotop-Exkursionen (CIEs) bekannt geworden. Es gibt drei Arten (Isotope) von Kohlenstoffatomen, die sich durch die Neutronenanzahl in ihrem Kern unterscheiden: Kohlenstoff-12, Kohlenstoff-13, Kohlenstoff-14

(Radiokohlenstoff). Alle haben sechs Protonen in ihrem Kern, was sie zu Kohlenstoff macht. ^{12}C hat sechs Neutronen, während ^{13}C sieben und ^{14}C acht Neutronen hat. Je höher die Zahl, desto schwerer das Atom. ^{12}C und ^{13}C sind über die Zeit hinweg stabil, ^{14}C hingegen erleidet einen radioaktiven Zerfall. Das Verhältnis der beiden stabilen Kohlenstoffisotope zueinander und zum Verhältnis in einem Laborstandardkarbonat sagt viel über die Quelle des registrierten Kohlenstoffs aus. Das Verhältnis der stabilen Kohlenstoffisotope ist in Methan sehr niedrig und in Meeressedimenten weniger niedrig.

Durch die CIEs zeigen alle analysierten Kohlenstoffspeicher – ob an Land oder im Ozean – eine beträchtliche Anomalie niedriger stabiler Kohlenstoff-Verhältnisse. Dies deutet darauf hin, dass externer Kohlenstoff in das Hydrosphäre-Biosphäre-Atmosphäre-System aus einer großen Materialquelle mit einem niedrigeren Kohlenstoffisotopenverhältnis (meist CO_2) oder aus einer weniger großen Materialquelle mit einem sehr niedrigen Verhältnis (Methan) oder aus einer Kombination davon eingeleitet worden sein muss. Basierend auf diesen Berechnungen wurde geschätzt, dass das auffälligste der CIEs, das Paläozän-Eozän-Temperaturmaximum (PETM) vor etwa 56 Millionen Jahren mit einer CO_2-Zunahme zwischen 500 und 3 000 ppm zusammenfiel und dass die Injektion mit Raten zwischen 0,3 bis 1,7 GtC/Jahr stattfand (*Notiz 63*). Die Messung der Kohlenstoffemission in Form der CO_2-Zunahme macht auch dann Sinn, wenn die ursprüngliche Emission in Form von Methan erfolgte, da Methan sehr schnell zu CO_2 oxidiert.

Das PETM war eines der größten und schnellsten Klimaereignisse (wenn nicht sogar das größte und schnellste) der vergangenen 100 Millionen oder mehr Jahre. Zum Vergleich: Die vom Menschen verursachten externen Kohlenstoffemissionen liegen heute bei etwa 10 GtC/Jahr, und die zeitlich gemittelten, vom Menschen verursachten Emissionen während des letzten Jahrhunderts betrugen etwa 4 GtC/Jahr (Abbildung 1.2). Die zeitlich gemittelten, vom Menschen verursachten externen Kohlenstoffemissionen sind also 2 bis 13 Mal schneller als die PETM-Injektion von externem Kohlenstoff, während die vom Menschen verursachten Emissionen in den letzten Jahren etwa 6 bis 33 Mal schneller als die PETM-Injektion geworden sind.

Box 4.1

Obgleich große langfristige Klimaschwankungen stattgefunden haben, scheinen sie sich nach geologischen Erkenntnissen immer in einem recht begrenzten Bereich bewegt zu haben. Mit anderen Worten: Die langfristigen Ausgleichsprozesse der durch Treibhausgase aufrechterhaltenen Klimabedingungen der Erde haben sich als sehr mächtig erwiesen. Um dies zu verstehen, müssen wir kurz die beiden möglichen Ausreißer betrachten: Sieden oder Tiefgefrieren. Was das kochende Extrem betrifft, so zeigen Strahlungsberechnungen, dass es eine maximale Abkühlungsrate durch den OLWR-Verlust von ungefähr 320 W/m^2 bei Temperaturen von 100°C und einer relativen Luftfeuchtigkeit von 100 Prozent (Dampf aus den Ozeanen) gibt (*Notiz 57*). Der Planet müsste nahezu reflexionsfrei werden, damit die Netto-ISWR diese Abkühlungsrate ausgleicht, was unwahrscheinlich ist. Daher können wir mit Sicherheit sagen, dass die Erde zumindest bis zu dem Zeitpunkt, an dem die Sonne in etwa einer Milliarde Jahren ausreichend an Intensität gewinnt, vor einem ausufernden feuchten Treibhauszustand sicher ist, in dem die Ozeane verdampfen würden (bis zum Ende dieser Zeit werden Temperaturen von nahezu 400°C erreicht). Tatsächlich war die Erde schon einmal näher an der „Gefahrenstufe" am entgegengesetzten, tiefgekühlten Ende der Skala. Vor etwa 700 Millionen Jahren durchlief die Erde mehrmals „Schneeball-Erde"-Phasen, in denen sie vollständig von festem oder matschigem Eis bedeckt war (*Notiz 52*). Zu diesen Zeiten war die Sonne um etwa 5 bis 6 Prozent schwächer und die Treibhausgase fielen so weit ab, dass die Temperaturen unter den Nullpunkt sanken. Infolgedessen kondensierte alles Wasser aus der Atmosphäre (die Erde wurde „gefriergetrocknet"), sodass die Atmosphäre kaum noch OLWR zurückhalten konnte. Aber die Erde schaffte es trotzdem, sich aus diesem Würgegriff zu befreien. Es wird vermutet, dass vulkanische Emissionen im Zusammenhang mit der Plattentektonik der Erde, die letztlich durch die Wärmekraftmaschine im Innern des Planeten angetrieben werden, ausschlaggebend für das Ende dieser Episoden waren. So blieb die Erde während ihrer gesamten Lebensspanne von 4,6 Milliarden Jahren in der „Oberflächentemperaturzone" von 0 bis 100°C, bei der flüssiges Wasser auf dem Planeten existieren kann.

Wir verstehen immer noch nicht ganz, was genau die Kohlenstofffreisetzung des PETMs oder anderer CIEs hervorrief. Die Hauptverdächtigen sind die Freisetzung von CH_4 aus sogenannten Gashydraten in Meeressedimenten sowie CO_2 und mögliche CH_4-Ausgasungen aus Impulsen von verstärktem Vulkanismus und anderen magmatischen Prozessen. Unabhängig von den zugrundeliegenden Prozessen waren die Folgen der Kohlenstoffzufuhr dramatisch. Innerhalb von etwa 20 000 Jahren kam es zu einer globalen Erwärmung von etwa 6°C , wobei der größte Teil davon innerhalb von 4 000 Jahren stattfand. Obwohl dies dramatisch ist, ist es immer noch etwa 4 bis 22 Mal langsamer als der Anstieg um etwa 1°C in etwa 150 Jahren, der seit der Industriellen Revolution stattgefunden hat (Abbildung 1.1). Die große und schnelle PETM-Injektion von externem Kohlenstoff in den Weltozean verursachte auch eine Absenkung des pH-Werts der Ozeane, ein Prozess, der als Ozeanversauerung bekannt ist (*Notizen 67,68*), und dies wiederum führte zu einer starken Auflösung von Karbonaten in den Ozeanen (*Notizen 36,37,52*).

Nach der anfänglichen Injektion konnte der überschüssige Kohlenstoff nur durch den Nettoverlust aus dem Hydrosphäre-Biosphäre-Atmosphäre-System beseitigt werden, was, wie wir gesehen haben, ein sehr langsamer Prozess ist. Angesichts des Tatsache, dass der Umfang der PETM-Injektion von externem Kohlenstoff in der Größenordnung der vom Menschen gemachten Emissionen liegt, die in „Business-as-usual"-Szenarien projiziert werden (wenn auch mit einer etwa zehnmal langsameren Rate), liefert das PETM eine hilfreiche Schätzung für die wahrscheinliche Dauer einer natürlichen Reinigung unserer Emissionen. Diese Dauer betrug etwa 100 000 bis 200 000 Jahre (*Notiz 52*). Damit ist die Sache klar: Die Natur scheint keine Mechanismen zu haben, um große CO_2-Emissionen schneller als über einen Zeitraum von vielen tausend Jahren zu säubern.

Die zweite Art der Kohlenstoffkreislaufschwankung beinhaltet keinen externen Kohlenstoffeingang oder -verlust. Stattdessen geht es um die Umverteilung von Kohlenstoff zwischen der Hydrosphäre, der Biosphäre und der Atmosphäre als Reaktion auf Veränderungen, die durch andere Faktoren verursacht werden. Bei dieser Art von Veränderung hängen atmosphärische CO_2-Gehalte rein von internen Rückkopplungsprozessen innerhalb des Kohlenstoffkreislaufs ab. Diese Schwankungen führen typischerweise zu „kurzen" CO_2-Zyklen, die „nur" viele Hunderte bis Tausende von Jahren umfassen. Gelegentlich gab es relativ schnelle CO_2-Änderungen von etwa 100 ppm in nur wenigen Jahrtausenden (Abbildung 2.1).

Auf diesen relativ kurzen Zeitskalen ist der Nettoausgleich zwischen Kohlenstoffbegrabung und vulkanischer Ausgasung so gering, dass er vernachlässigbar bleibt. Stattdessen spielen Komponenten des Kohlenstoffkreislaufs auf diesen Zeitskalen meist eine Rückkopplungsrolle, indem sie interne Umverteilungen von Kohlenstoff zwischen der Hydrosphäre, der Biosphäre und der Atmosphäre bewirken. Eine Komplikation besteht darin, dass über Zeiträume von fünf- bis zehntausend Jahren Meeressedimente durch den Prozess der Karbonatkompensation mit von der Partie sind, bei dem sich Karbonat an einigen Stellen (insbesondere in der Tiefsee) ins Wasser gelöst und an anderen Stellen (vor allem in flachen Regionen) aus dem Wasser niederschlagen kann (*Notizen 34, 35*).

Innerhalb des Hydrosphären-Biosphären-Atmosphären-Systems enthält die Hydrosphäre – insbesondere der Ozean – den meisten Kohlenstoff (Abbildung 4.1). So ist die Menge an Kohlenstoff in den Ozeanen etwa fünfzigmal größer als die Gesamtmenge an Kohlenstoff in der Atmosphäre. Die terrestrische Biosphäre enthält eine ähnliche Menge an Kohlenstoff wie die Atmosphäre, wenn wir nur die lebende Biomasse zählen, und etwa die dreifache Menge, wenn wir auch die tote Biomasse einbeziehen. Daher verursacht jede noch so kleine Änderung des Kohlenstoffgehalts im Ozean durch den Austausch mit den beiden anderen Speichern große Änderungen in der Atmosphäre und der terrestrischen Biosphäre.

Der Kohlenstoffgehalt des Meerwassers ist stark temperaturabhängig, da kälteres Wasser mehr gelösten anorganischen Kohlenstoff aufnehmen kann. Die Tiefsee, unterhalb von 1 500 Metern Tiefe, enthält die größte Menge an Kohlenstoff, zum einen aus diesem Grund und zum anderen wegen der Zersetzung von sinkendem organischem Material in der Tiefe. Es trägt auch dazu bei, dass die Tiefsee etwa 60 Prozent des Gesamtvolumens der Weltmeere repräsentiert. Der Austausch von Tiefseewasser mit flacheren Schichten, der notwendig ist, um die Eigenschaften der Tiefsee mit der Atmosphäre zu verbinden, hängt stark vom Grad der Durchmischung im Ozean ab, der mit seiner großräumigen Zirkulation verbunden ist (Abbildung 4.2).

Heute beträgt die durchschnittliche Durchmischungszeitskala der Tiefsee mehr als tausend Jahre. Normalerweise ist der Austausch mit der Tiefsee also eine langsame Angelegenheit. Die Intensität und Tiefe der Durchmischung hängt von der Windstärke ab, die wiederum von atmosphärischen Temperaturkontrasten, Temperatur- und Salzgehaltskontrasten innerhalb des Ozeans und der Gezeitenenergie abhängt; die großskalige Ozeanzirkulation hat folglich einen beträchtlichen Temperaturüberdruck. Perioden mit starken Temperaturveränderungen sind also wahrscheinlich auch Zeiten, in denen sich der Kohlenstoffaustausch zwischen der Hydrosphäre und der Biosphäre-Atmosphäre verändert. Was wir hier sehen, ist, vereinfacht ausgedrückt, dass anfängliche Temperaturänderungen durch eine veränderte Durchmischung des Ozeans einen Kohlenstoffaustausch aus der Tiefsee in flachere Schichten auslösen können. Dadurch wird er in Verbindung mit der Atmosphäre gebracht.

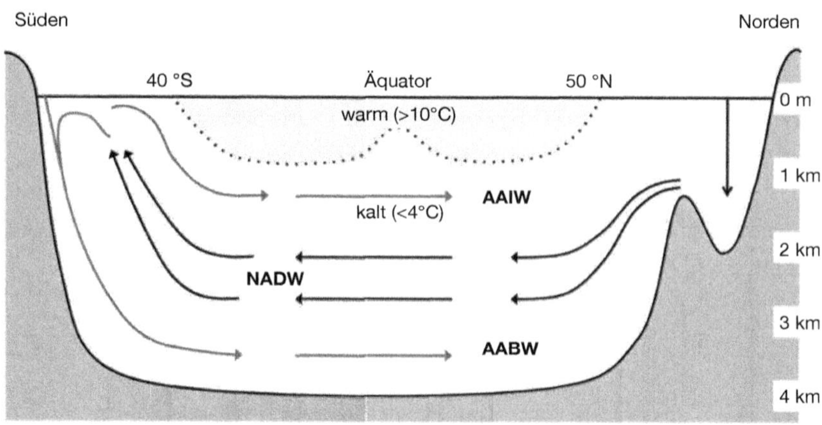

Abbildung 4.2. Schematische Darstellung der Tiefseezirkulation im Atlantik entlang eines Abschnitts von Süden nach Norden (iii). Ein direkter Gasaustausch mit den Wassermassen der Tiefsee findet nur in hohen Brei-

tengraden statt. AAIW ist Antarktisches Intermediärwasser. AABW ist Antarktisches Bodenwasser. NADW ist Nordatlantisches Tiefenwasser.
iii. Rohling, E. J; The oceans: a deep history. Princeton University Press, 272, 2017. ISBN9781400888665

Der Gasaustausch zwischen Atmosphäre und Ozean wird auch, besonders im südlichen Ozean, durch die Meereisbedeckung beeinflusst. Kälteperioden mit großer Meereisbedeckung haben den Gasaustausch zwischen dem Ozean und der Atmosphäre verringert. Eine Verringerung der Meereisbedeckung bei Erwärmung erlaubt mehr Gasaustausch. Sobald der Tiefsee-Kohlenstoffspeicher durch all diese komplexen Wechselwirkungen beginnt, den atmosphärischen CO_2-Gehalt zu beeinflussen, entsteht ein kraftvolles positives Rückkopplungssystem. Die anfängliche Erwärmung löst eine CO_2-Freisetzung aus dem Ozean in die Atmosphäre aus, was zu einer weiteren Erwärmung führt, die wiederum eine weitere CO_2-Freisetzung verursacht, und so weiter, bis ein neues Gleichgewicht zwischen CO_2-Gehalten im Ozean und in der Atmosphäre erreicht ist (*Notiz 69*).

Die gleichen Prozesse laufen in umgekehrter Richtung ab, mit dem Unterschied, dass es länger dauert, bis sich der Kohlenstoff in der Tiefsee anhäuft; ist erst einmal die Durchmischung reduziert, ist eine lange Zeit notwendig, um mittels der Zersetzung des absinkenden toten organischen Materials den Aufbau von Kohlenstoff in der Tiefsee voranzutreiben. Folglich kann eine wichtige CO_2-Freisetzung aus der Tiefsee über einige tausend Jahre erfolgen und die Speicherung von CO_2 in der Tiefsee dauert typischerweise zehntausende von Jahren. Beachten Sie, dass ich ein sehr schematisches Bild dargestellt habe und dass ich den Karbonatausgleichsprozess völlig ignoriere. Letzterer verkompliziert das einfache Bild, ändert aber im Wesentlichen nicht die Richtung der Veränderung zum Endrergebnis hin – er macht lediglich die resultierenden CO_2-Veränderungen größer.

Der vorhergehende Abschnitt wirft eine wichtige Frage auf, nämlich ob die der Durchmischungsrate des Ozeans immer so langsam ist (über Tausende von Jahren), wie diskutiert. Mit anderen Worten: könnten wir den Ozean einfach ignorieren, wenn es um das Schicksal der menschlichen Emissionen und den Klimawandel im nächsten Jahrhundert geht? Die

Antwort ist ein klares Nein, denn der Ozean ist mehr als nur die Tiefsee. Es gibt auch CO_2-Aufnahme- und CO_2-Freisetzungsmechanismen, die mit dem sogenannten „Sättigungszustand“ in flachen und mittleren Schichten zusammenhängen, und diese funktionieren in viel schnelleren Zeiträumen, von Jahren bis Jahrhunderten. Wir bezeichnen diese als CO_2-Gleichgewichtsprozesse. Wenn man Zeitskalen von Jahrhunderten und Kohlenstoffveränderungen betrachtet, die nicht allzu weit von den vorindustriellen Werten entfernt sind, gilt für diese schnelleren Wechselwirkungen eine nützliche Faustregel. Diese besagt, dass jeglicher Gewinn oder Verlust von Kohlenstoff durch die Atmosphäre zwischen der Atmosphäre und dem Ozean in etwa gleichen (1/1) Anteilen aufgeteilt wird (*Notizen 2,70*), was auf das kontinuierlich fortlaufende Gleichgewicht zwischen den oberen Meeresschichten und der Atmosphäre zurückzuführen ist. Eine detaillierte Rekonstruktion im fünften Sachstandbericht (*Notiz 71*) des Intergovernmental Panel for Climate Change (IPCC) legt nahe, dass das Verhältnis Atmosphäre/Ozean näher bei 1,5/1,0 liegen könnte, aber wir werden der Einfachheit halber ein Verhältnis von 1/1 verwenden. Obgleich dies die Zahlen ändert, ändert es nicht das Argument.

Der 1/1-Fall impliziert, dass die Netto-Kohlenstoffemissionen des Menschen etwa doppelt so groß waren, wie der tatsächlich gemessene Anstieg der atmosphärischen CO_2-Gehalte seit Beginn der Industriellen Revolution – fast die Hälfte (eigentlich etwa 40 Prozent) davon wurde vom Ozean aufgenommen (vergleiche Abbildungen 1.1 und 1.2). Diese Aufteilung ist nicht perfekt und wird sich bei großen CO_2-Abweichungen im Laufe der Zeit ändern, da dies weitere Wechselwirkungen innerhalb des Kohlenstoffkreislaufs zulässt, insbesondere den Austausch mit der Tiefsee und den Karbonatausgleich. Die Aufteilung ändert sich auch, wenn sich die Temperatur des Ozeans, der Sättigungszustand und die Durchmischungszeiträume weit von ihren vorindustriellen Werten entfernen. Aber abgesehen von diesen Vorbehalten ist dies eine nützliche erste Schätzung, die man im Hinterkopf behalten sollte, insbesondere wenn man über die atmosphärische CO_2-Abscheidung und -Speicherung in der nahen Zukunft spricht (siehe Abschnitt 6.2).

Dies bringt uns zur terrestrischen Biosphäre, der lebenden und toten Biomasse an Land. Die Schwankungen in der terrestrischen Biosphäre können zwar nicht alle Kohlenstoffschwankungen ausgleichen, die durch den Austausch mit dem riesigen ozeanischen Kohlenstoffspeicher entstehen, aber sie sorgen für einen beträchtlichen Teil. Während Kälteperioden (im Extremfall: Eiszeiten) schrumpft die Größe der terrestrischen Biosphäre – sie speichert weniger Kohlenstoff. Während Warmzeiten dehnt sich die Biosphäre aus und speichert daher mehr Kohlenstoff. Beim Übergang von einer Kalt- zu einer Warmzeit bindet die Ausdehnung der Biosphäre also eine Menge Kohlenstoff und entzieht ihn dem System Atmosphäre-Ozean. Bei einem umgekehrten Wechsel gibt die Kontraktion der Biosphäre eine Menge Kohlenstoff an das Atmosphäre-Ozean-System ab. Der atmosphärische Speicher ist so klein, dass sein Kohlenstoffgehalt durch solche Veränderungen merklich beeinflusst wird. Im Gegensatz dazu ist der ozeanische Speicher so groß, dass es nur subtile Änderungen als Reaktion auf die Veränderungen in der Biosphäre erfährt. Während des letzten Eiszeitzyklus schrumpfte die terrestrische Biosphäre zunächst und dehnte sich später wieder um 500 GtC aus, wobei über die exakte Zahl erhebliche Unsicherheiten bestehen (auf die in Kürze eingegangen werden soll).

In jüngerer Zeit hat die Abholzung der Wälder durch Menschen einen signifikanten Einfluss. Sie hat dazu geführt, dass die Land-Biosphäre um einen geschätzten Nettowert von 100 GtC geschrumpft ist (*Notizen 2,72*), da Wälder mit Bäumen viel mehr Kohlenstoff speichern als Gräser, Getreide, Hülsenfrüchte und Sträucher. Dies hat über viele Jahrhunderte stattgefunden, wurde aber während des letzten Jahrhunderts durch die Bevölkerungsexplosion stark beschleunigt. Gleichzeitig gab es andere vom Menschen verursachte Einflüsse auf die terrestrische Biosphäre, die einen Teil der Auswirkungen der Entwaldung kompensierten, wie Landnutzungsänderungen. Die vom Menschen verursachten Nettoemissionen aus der terrestrischen Biosphäre wurden im fünften Sachstandbericht des IPCC auf 30 GtC geschätzt (*Notiz 71*). Diese Netto-Kohlenstoffverschiebung (= Emission) aus der Biosphäre in die Atmosphäre und den Ozean addiert sich zu unseren Emissionen aus fossilen Brennstoffen, was bis Ende 2017 eine Gesamtsumme von etwa 430 GtC ergibt. Wie bereits erwähnt, ist knapp die Hälfte dieses Netto-Kohlenstoffflusses (etwa 155 GtC, *Notiz 71*), in dieser Zeit im Ozean gelandet und hat dabei eine messbare Versauerung der Ozeane verursacht (*Notizen 67,70*).

Wenn wir die vom Menschen angetriebenen Prozesse ignorieren, dann reichen die Zeitskalen für natürliche (nicht unterstützte) Kontraktionen und Expansionen der Biosphäre von Hunderten bis zu Tausenden von Jahren. Zum Beispiel reichen die Schätzungen für die Zunahme des Kohlenstoffgehalts der terrestrischen Biosphäre während der 10 000 jährigen Dauer der letzten Eiszeit von etwa 300 bis etwa 1 100 GtC (*Notizen 73,74*). Diese Schätzungen beinhalten sowohl lebendes als auch totes Material, also auch Dinge wie die Entwicklung von Sumpfland. Die Spanne impliziert eine durchschnittliche Rate von 0,03 bis 0,11 GtC pro Jahr, obgleich sich Intervalle mit schnelleren Veränderungen mit Perioden geringer oder keiner Veränderung abgewechselt haben könnten. Vom Menschen verursachte Veränderungen in der terrestrischen Biosphäre betrafen eine Nettofreisetzung von 30 GtC, konzentriert in etwa 200 Jahren, oder 0,15 GtC pro Jahr, was am schnellsten extremen Ende der Schätzungen für natürliche Veränderungen der terrestrischen Biosphäre liegt.

Bei den natürlichen Kohlenstoffkreisläufen der vergangenen Eiszeiten über mehre Hundert bis viele Tausend Jahre ist nicht nur die terrestrische Biosphäre von Bedeutung, sondern auch Wechselwirkungen mit anderen, langsameren Rückkopplungen, wie – insbesondere – der Austausch mit der Tiefsee und die Karbonatkompensation. Es ist inzwischen gut belegt, dass das „Wiederauftauchen“ von Kohlenstoff während der Endphasen der Eiszeiten – in Form eines Anstiegs des atmosphärischen CO_2 um etwa 100 ppm (was etwa 200 GtC bedeutet) und einer Ausdehnung der terrestrischen Biosphäre um etwa 500 GtC – durch die Kohlenstoff-Freisetzung aus der Tiefsee dominiert wurde, verstärkt durch die Auswirkungen des Karbonatausgleichsprozesseses. Als sich die Ozeane erwärmten, änderte sich die Zirkulation, das Meereis zog sich zurück und die Durchmischung von eiszeitlichem Tiefenwasser mit flacheren Schichten brachte das Tiefenwasser mit der Atmosphäre in Berührung, um einen Ausgleich zu schaffen (*Notiz 75*). Weitere Auswirkungen entstanden durch die Freisetzung von Gasen (insbesondere Methan), die in den ausgedehnten Permafrostgebieten der Eiszeit eingeschlossen waren. Zusammenfassend lässt sich sagen, dass viele der großen, langsamen Rückkopplungen des Kohlenstoffkreislaufs über diese langen Zeitskalen beteiligt waren, nicht nur der Ausgleich mit der Oberfläche und mittleren Schichten des Ozeans.

Die langsamen Rückkopplungsprozesse erschweren die Prognosen darüber, was mit CO_2 in der Zukunft passieren könnte. Während die vergangenen CO_2-Änderungen viele (langsame) Prozesse beinhalten, die für die nächsten 100 Jahre unserer Zukunft nicht so von Bedeutung sind, werden diese Prozesse auf einer längeren Zeitskala definitiv zu wichtigen Akteuren. Wir sollten dies nicht vergessen: Das politisch viel beschworene Jahr 2100 ist nicht irgendeine magische Grenze, bis zu welcher das Klimasystem aufhört, auf unser Handeln zu reagieren. Die langsamen Reaktionen, kombiniert mit weiteren langsamen Reaktionen in Bezug auf die Erwärmung der Ozeane und die Veränderung der Albedo infolge der Verringerung der Eisschilde, bedeuten, dass sich das Klimasystem noch über viele Jahrhunderte hinweg anpassen wird, *selbst wenn die Emissionen von heute an gestoppt werden.*

Eine weitere Auswirkung der Beteiligung vieler wichtiger, langsamer Kohlenstoffkreislauf-Rückkopplungsprozesse an vergangenen natürlichen Klimaveränderungen ist, dass es schwierig oder sogar unmöglich wird, die Ursache-Wirkungs-Beziehungen zu bestimmen, indem man betrachtet, welche Veränderung zuerst und welche etwas später eintrat. Dies liegt daran, dass das System während dieser Veränderungen in einer eng verknüpften Rückkopplungsschleife gefangen war, mit einem gewissem „Spielraum“ in der Verbindung zwischen den verschiedenen Prozessen (die dehnbare Kette im „Rückkopplungsfahrrad“, die in Abschnitt 3.1 besprochen wurde). Ein gutes Beispiel ist die Frage, ob die Erwärmung oder der CO_2-Anstieg während der Deglaziierung zuerst begonnen hat. In Wirklichkeit reagieren beide aufeinander, und es spielt eigentlich keine große Rolle, wie der Zyklus gestartet wurde.

Dies bringt uns zum Kern der Frage nach der natürlichen Klimavariabilität: Wenn sich das System aufgrund der Wirkung von Rückkopplungsprozessen entlang eines bestimmten Pfades entwickelt hat, was hat es dann überhaupt erst in Bewegung gesetzt? Was verursachte die anfänglichen Störungen des Systems während der natürlichen Klimaveränderungen (vor dem Menschen)? Hier müssen wir über mehrere, verschiedene Ursachen nachdenken. Die wichtigsten sind astronomische Schwankungen in der geometrischen Ausrichtung des Erd-Sonne-Systems, die die Intensität und Verteilung der Sonneneinstrahlung verändern (ISWR), Ereignisse wie große Vulkanausbrüche, Kometen- oder Asteroideneinschläge und Schwankungen in der Intensität der Sonnenstrahlung. Diese werden als nächstes behandelt.

4.2 ASTRONOMISCHE VARIABILITÄT

Die Erde hat eine endlose, nahezu rhythmische Folge von Klimaschwankungen durchlaufen und die Eiszeiten waren Teil davon. Diese Zyklen sind regelmäßiger und erstrecken sich über viel kürzere Zeiträume als die zuvor diskutierten plattentektonischen Zyklen. Sie fanden hauptsächlich in unterschiedlichen, sich regelmäßig wiederholenden Zeiträumen statt, man spricht dabei von „Periodizität" (in gleichen Abständen wiederkehrende Eigenschaft), die sich auf 21 000, 41 000, 100 000 und 400 000 Jahre erstreckten. Es gibt gleichfalls einige längere, überlappende Perioden von 1,2 Millionen und 2,4 Millionen Jahren, aber wir werden uns auf die erstgenannten konzentrieren, da sie sich auf die grundlegenden Prozesse beziehen.

Ihre Periodizität wird von astronomischen Parametern bestimmt, die verschieden Aspekte der Konfiguration (*geometrische Anordnung*) der Erde in ihrer Umlaufbahn um die Sonne regulieren. Das Klima ist sowohl gegenüber der Gesamtmenge als auch gegenüber der latitudinalen und jahreszeitlichen Verteilung der von der Erde empfangenen Sonnenstrahlung sensitiv. Drei astronomische Zyklen sind von Bedeutung: der Exzentrizitätszyklus (Ellipsenbahnvariation), der Achsneigungszyklus (Schrägstellung, engl. Obliquity) und der Präzessionszyklus (Achsneigungsschwankung). Es gibt eine schöne und zugängliche Beschreibung der Entdeckungsgeschichte der Eiszeiten und ihres astronomischen Ursprungs in *Ice Ages: Solving the Mystery (Eiszeiten: Das Geheimnis lösen; Notiz 77)*. Kurz gesagt bestimmte der serbische Ingenieur Milutin Milanković auf Grundlage von 100 Jahren Forschung über astronomische Variationen und ihren Einfluss aufs Klima die Schwankungen in der Intensität und Verteilung der Sonnenstrahlung auf die Erde (*Notiz 78*).

Einer von Milankovićs speziellen Beiträgen war die Berechnung der vergangenen Sonnenbestrahlungsvariationen über unterschiedliche Breitengrade (der Erde). In der wissenschaftlichen Gemeinschaft, die sich mit dem Klima in der Vergangenheit befasst, werden die drei astronomischen Hauptzyklen oft als die „Milanković-Zyklen" bezeichnet. Seit seiner Arbeit setzten sich die Forschungsbemühungen fort, die astronomischen Berechnungen zu verbessern und auf den neusten Stand zu bringen. Wir werden im Folgenden die drei genannten astronomischen Zyklen behandeln und dann ihre entscheidenden Auswirkungen zusammenfassen.

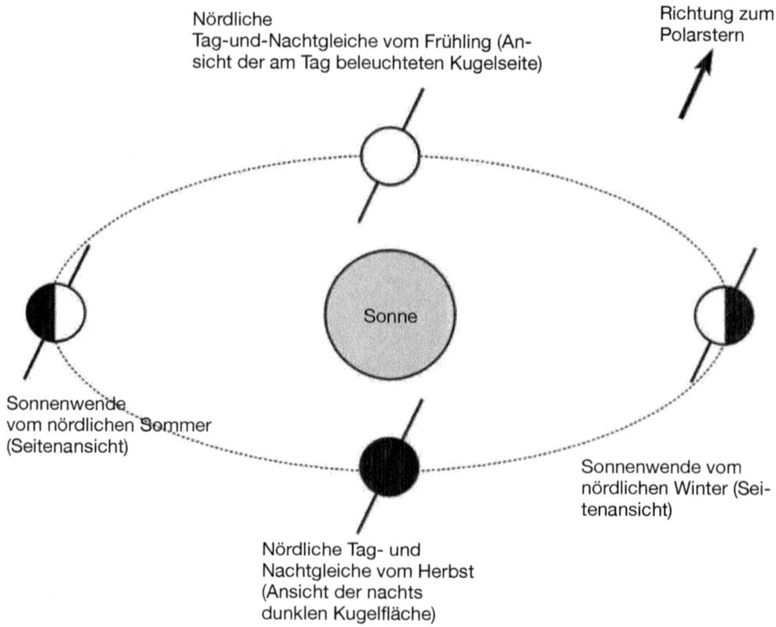

Abbildung 4.3. Schematische Präsentation eines Jahreszeitenzyklus. Beachte die Wichtigkeit der im Raum fixierten Richtung der Rotationsachse für diese kurzen Zeiträume (heute zum Polarstern zeigend). Wenn die Achse nicht relativ zur Orbitebene geneigt wäre, dann gäbe es keine Jahreszeiten.

Die Zyklen von Exzentrizität und Präzession müssen zusammen diskutiert werden, da ihre Einflüsse in enger Beziehung stehen. Bevor diese Zyklen jedoch diskutiert werden können, lasst uns das auffrischen, was den Jahreszeitenzyklus bestimmt (Abbildung 4.3). Ein Jahr markiert die von der Erde benötigte Zeit für eine vollständige Umrundung der Sonne. Über kurze Zeiträume von Jahren bis Jahrhunderten ist die Rotationsachse der Erde mehr oder weniger relativ zur Ebene der Umlaufbahn um die Sonne, mit dem heutigen Nordpol zum Polarstern zeigend, im Weltraum fixiert. Folglich gibt es eine Saison, in der einer der Pole von der Sonne weggeneigt ist (die Winterhalbkugel), während der andere Pol zur Sonne zeigt (die Sommerhalbkugel). Sechs Monate später ist die Situation andersherum.

Lasst uns einer Umdrehung aus der Perspektive der nördlichen Hemisphäre (auch bekannt als Boreal, nördliche Region) folgen. Wir beginnen beim nördlichen Wintersolstitium (Wintersonnenwende), dem kürzesten Tag in der nördlichen Hemisphäre, wenn der Nordpol am weitesten von der Sonne weggeneigt ist. Das nördliche Wintersolstitium markiert den Beginn des Winters in der Nordhemisphäre. Der nächste beachtenswerte Punkt entlang der Erdumlaufbahn ist der nördliche Frühlingspunkt oder die Frühlingstagundnachtgleiche, der Start des Frühlings in der nördlichen Hemisphäre. Während eines Äquinoktiums (Tagundnachtgleiche) erreicht die Sonne ihren Zenit (Position senkrecht über ebenem Erdboden) direkt über dem Äquator und die Grenze zwischen der beleuchteten und dunklen Halbkugel verläuft durch beide Pole. Ein halbes Jahr nach dem Wintersolstitium erreicht die Erde das nördliche Sommersolstitium, den längsten Tag in der nördlichen Hemisphäre, wenn der Nordpol seine größte Neigung hin zur Sonne erreicht hat – dies markiert den Beginn des nördlichen Sommers. Als nächstes wird das nördliche Herbstäquinoktium erreicht, das den Start des nördlichen Herbstes markiert.

Der Exzentrizitätszyklus betrachtet Variationen in der Gestalt der Umlaufbahn der Erde um die Sonne, die nahezu kreisförmig, elliptisch oder oval sein kann. Eine perfekte Ellipse hat zwei Brennpunkte und während sich die Ellipse zu einem Kreis formt, nähern sich die beiden Brennpunkte einander an. Bei einem perfekten Kreis überlappen sich die Brennpunkte und definieren zusammen den Zentrumspunkt des Kreises. Die Sonne besetzt einen der beiden Brennpunkte der Erdumlaufbahn, der andere ist leer. Während eines Exzentrizitätsmaximums, wenn die Umlaufbahn bemerkenswert elliptisch ist, passiert daher die Erde auf einer ihrer Umrundungen um die Sonne einen Punkt, der am nächsten zur Sonne gelegen ist, bekannt als Perihelium ([nah] um die Sonne), und einen Punkt, der am weitesten von der Sonne entfernt ist, das Aphelium ([weit] weg von der Sonne; Abbildung 4.4). Wenn die Umlaufbahn nahezu kreisförmig ist – ein Exzentrizitätsminimum –, dann ist der Erdabstand zur Sonne durch das Jahr nahezu konstant. Die Exzentrizität der Erdumlaufbahn ändert sich in einer zyklischen (regelmäßig wiederkehrenden) Weise mit angenäherten Perioden (umlaufbestimmende Zeitabschnitte) von 100.000 Jahren und 400.000 Jahren.

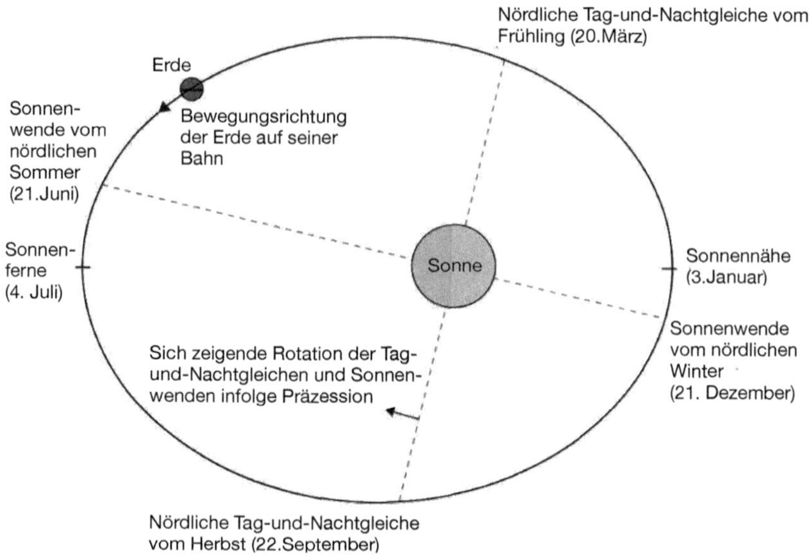

Abbildung 4.4. Schematische Sicht auf den Orbit der Erde um die Sonne von oben (nicht maßstabsgetreu).

Auch sind die gegenwärtigen Daten angegeben, an denen die Erde die Solstitien und Äquinoktien erreicht, ebenso wie die Daten, an denen sie Aphelium und Perihelium erreicht. Die Richtung der Verschiebung der Solstitien und Äquinoktien längst des Orbits ist durch die Präzession bedingt. (Die Jahreszeiten der südlichen [australen] Hemisphäre sind genau ein halbes Jahr außer Phase, da der Südpol in genau die entgegengesetzte Richtung zum Nordpol zeigt. Von daher ist das nördliche Wintersolstitium das südliche Sommersolstitium, das nördliche Frühlingsäquinoktium ist das südliche Herbstäquinoktium, das nördliche Sommersolstitium ist das südliche Wintersolstitium und das nördliche Herbstäquinoktium das südliche Frühlingäquinoktium.)

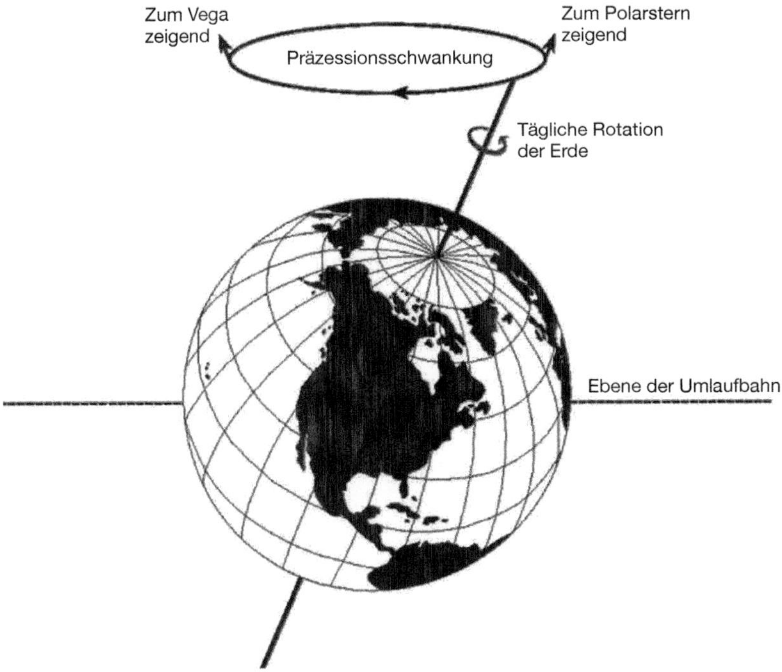

Abbildung 4.5. Präzessions-Wobble (-Schwankung) der Erde. Ein Umlauf benötigt 26000 Jahre.

Der Präzessionszyklus hängt von der Tatsache ab, dass die Erdrotationsachse relativ zur Ebene der Umlaufbahn um die Sonne nicht im Raum fixiert ist, wenn man sie über lange Zeiträume von Tausenden von Jahren betrachtet, sondern wie ein Kreisel um die Drehachse schwankt (Abbildung 4.5). Hier sprechen wir nicht über Änderungen des Winkels der Achse relativ zur Ebene der Umlaufbahn – die unter dem dritten astronomischen Zyklus, nämlich dem Achsneigungszyklus (Obliquity), diskutiert wird –, sondern über Änderungen der Richtung der Achse im Raum.

Im Wesentlichen verläuft der Präzessionszyklus so, dass der Nordpol, der heute zum Polarstern zeigt, nach einem halben Präzessionszyklus zur Vega (die dann der Nordstern wird) zeigt und nach einem vollständigen

Präzessionszyklus wiederum zum Polarstern (Abbildung 4.6). Ein voller Präzessionszyklus benötigt 26 000 Jahre.

Jedoch kommen bei den Erde-Sonnen-Bewegungen weitere Komplikationen ins Spiel; die ganze Erdumlaufbahn rotiert selbst langsam um die Sonne, etwa einmal im Verlauf von vier Präzessionsperioden. Im Ergebnis äußert sich der Präzessionszyklus darin, dass sich die Sonneneinstrahlung auf die Erde in zwei dominierende Perioden mit besonderen Beschaffenheiten unterteilen lässt, eine längere von etwa 23 000 Jahren und einer kürzere von 19 000 Jahren. Als erste Annäherung benutzen wir oft eine durchschnittliche Periodizität von 22 000 Jahren.

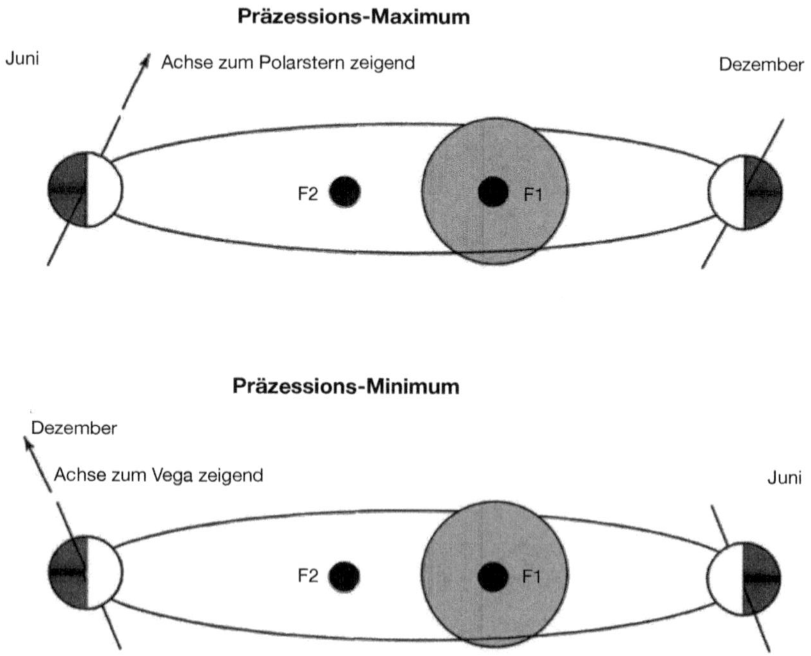

Abbildung 4.6. Schematische Zusammenfassung zur Demonstration der Unterschiede zwischen Präzessionsmaxima (wie heute) und Präzessionsminima. Beachte die verstärkt dargestellte Exzentrizität der Erdumlaufbahn mit zwei Brennpunkten, von denen einer von der Sonne besetzt ist.

Die Richtung der Erdachse im Raum ändert sich; im Präzessionsmaximum zeigt sie zum Polarstern und im Präzessionsminimum zur Vega.

Der Zyklus der Präzession beeinflusst das Klima, indem er dafür sorgt, dass sich die Daten für Solstitium (Sonnenwende) und Äquinoktium (Tagundnachtgleiche) langsam entlang der Erdumlaufbahn verschieben. Einen viertel Zyklus zuvor, also vor etwa 5500 Jahren, ereignete sich das Perihelium nah der nördlichen Herbsttagundnachtgleiche. Einen halben Zyklus zuvor, oder vor etwa 11 000 Jahren, ereignete sich das Perihelium nah dem nördlichen Sommersolstitium. Drei viertel Zyklen zuvor, vor etwa 16 500 Jahren, fiel das Perihelium mit der nördlichen Frühlingstagundnachtgleiche zusammen. Und einen vollen Zyklus zuvor war die Situation bezüglich der Präzession ähnlich wie in der Gegenwart.

Die klimatischen Einflüsse von Präzession und Exzentrizität müssen gemeinsam betrachtet werden. In ihrer leicht elliptischen Umlaufbahn erreicht die Erde das Perihelium (am nächsten zur Sonne) etwa beim nördlichen Wintersolstitium – diese beiden Ereignisse liegen nahe dem 3. Januar beziehungsweise 21. Dezember. Die Erde erreicht das Aphelium (am weitesten von der Sonne weg) etwa beim nördlichen Sommersolstitium (4. Juli beziehungsweise 21. Juni; Abbildung 4.4). Wenn die Umlaufbahn eher kreisförmig verläuft, ist der Unterschied zwischen Perihelium und Aphelium vernachlässigbar, aber mit etwas Exzentrizität der Sonnenumlaufbahn wird die Sonnenstrahlung an beleuchteten Plätzen des Globus im nördlichen Winter (südlichen Sommer) ein wenig intensiver sein als im nördlichen Sommer (südlichen Winter). Dies schwächt den jahreszeitlichen Kontrast der nördlichen Hemisphäre und verstärkt den der südlichen Hemisphäre.

Wie wir bereits sahen, verschiebt sich mit dem Voranschreiten des Präzessionszyklus die Verteilung der Jahreszeiten um die elliptische Umlaufbahn herum. Einen halben Präzessionszyklus zuvor verhielt sich die Situation umgekehrt zur heute beobachteten. Zu dieser Zeit fiel das Perihelium nahezu mit dem nördlichen Sommersolstitium zusammen und das Aphelium mit dem nördlichen Wintersolstitium. In dieser Konfiguration ist der jahreszeitliche Gegensatz auf der Nordhemisphäre verstärkt und der auf der

Südhalbkugel abgeschwächt. Zusammengefasst bestimmt der Präzessionszyklus den jahreszeitlichen Einstrahlungskontrast, aber sein Einfluss auf das Klima hängt vom Grad der Exzentrizität des Orbits ab. Bei einem kreisförmigen Orbit hat die Präzession keinen Effekt. Zu Zeiten maximaler Exzentrizität erreicht die Präzession maximalen Einfluss.

Der dritte astromische Zyklus betrifft die Neigung der Rotationsachse der Erde (Obliquity). Spezifischer betrifft er den sich allmählich ändernden Winkel der Erdrotationsachse relativ zur Senkrechten zur Ebene der Erdumlaufbahn (Abbildung 4.7). Dieser Winkel ändert sich über einen Zeitraum von etwa 41 000 Jahren von 22,5 zu 24,5 Grad und wieder zurück. Heute beträgt der Winkel etwa 23,5 Grad. Im Ergebnis steht die Sonne während des Sommersolstitiums bei 23,5 Grad nördlicher Breite direkt senkrecht über dem Kopf. Dies ist die maximale nördliche Breite, bei der die Sonne zu irgendeiner Zeit im Jahr eine Position direkt über dem Kopf erreicht; sie wird als „Tropic of Cancer“ (Wendekreis des Krebses) bezeichnet. Während des nördlichen Wintersolstitiums (südlichen Sommersolstitiums) wird dieser Zustand etwa bei 23,5 Grad südlicher Breite erreicht; man spricht hierbei vom „Tropic of Capricorn“ (Wendekreis des Steinbocks).

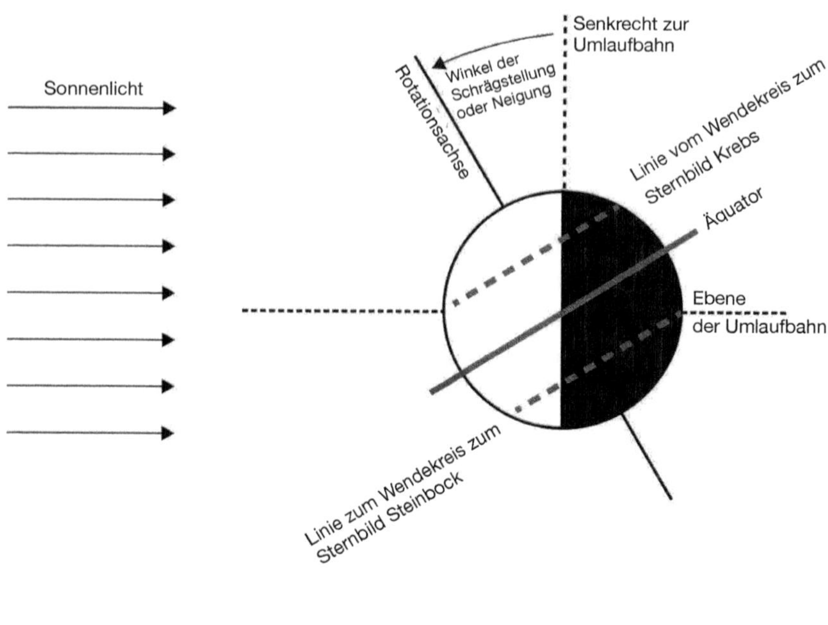

◂ **Abbildung 4.7.** Die Beziehung zwischen Schrägstellung oder Neigung und der Position der Wendkreise von Krebs und Steinbock. Die Neigung der Erdachse (relativ zur Senkrechten) zur Umlaufebene variiert in einem Zyklus von 41.100 Jahren zwischen etwa 22,5 und 24,5 Grad. Derzeit beträgt die Neigung etwa 23,5 Grad. Zur Klarheit wurde der Winkel in diesem Diagramm vergrößert.

Auf einer perfekt kugelförmigen Erde würde sich daher die Position der Wendkreise zwischen 22,5 und 24,5 Grad bewegen. Aber die Erde ist nicht perfekt kugelförmig und die tatsächlichen Werte liegen nah bei 22,04 und 24,45 Grad. Zusätzlich beeinflusst die Achsneigung die Menge des in hohen nördlichen Breiten empfangenen Sonnenlichtes. Bei einer starken Neigung erhalten die Pole mehr Sonnenlicht und die Sonnenstrahlen erreichen die Poloberfläche mit einem weniger flachen Winkel, was die Reflexion verringert und somit die Wärmeabsorption der Oberflächen erhöht. Infolgedessen hat die Achsneigung besonders großen Einfluss auf polare Klimata.

Die drei astronomischen Hauptzyklen für sich genommen haben eine begrenzte Auswirkung auf die durchschnittliche globale Menge von ISWR (einfallende Kurzwellenstrahlung), die die Erde erreicht. Unter diesem Gesichtspunkt könnten die astronomischen Variationen also scheinbar meistens ignoriert werden, aber das wäre ein Fehler, da die astronomischen Parameter bei der Regulierung der Verteilung der ISWR zwischen Hemisphären (Erdhalbkugeln) und hohen und niedrigen Breiten eine gewichtige Rolle spielen. Wie bereits diskutiert, sind Präzession und Exzentrizität in hohem Maße relevant für die jahreszeitlichen Veränderungen, und die Achsneigung (Obliquity) ist sehr wichtig für hohe versus niedrige Breitengrade. Wenn man die Jahresmittelwerte dazu betrachtet, schwanken infolgedessen die Differenzen zwischen hohen und niedrigen Breiten in Bezug auf absorbierte ISWR über einen Bereich von etwa 7 W/m^2, sogar ohne irgendwelche Rückkopplungsreaktionen. Für eine bessere Einordnung der Größenverhältnisse gilt es zu beachten, dass während der letzten 500 000 Jahre durch Albedo und Treibhausgase bedingte Rückkopplungsreaktionen diesen aufs Jahr bezogenen gemittelten Gradienten von der astronomischen Variabilität zu einem Gesamtgradienten von etwa 33 W/m^2 verstärkten (*Notiz 51*). Die Bedeutung der astronomischen Variationen liegt klar in der Tatsache begründet, dass sie den anfänglichen Klimawandel durch jahreszeitliche und räumliche ISWR-Gradienten der Absorption antreiben. Der eigene interne Rückkopplungsmechanismus des Klimasystems verursacht dann eine erhebliche Verstärkung der anfänglichen Störungen und führt letztlich zu den beobachten globalen Gesamtreaktionen.

4.3 GROSSE (SUPER-)VULKANAUSBRÜCHE UND ASTEROIDENEINSCHLÄGE

Zusammen mit Asche, die sich ziemlich schnell niederschlägt, stoßen große Vulkanausbrüche meist Wasserdampf, CO_2 und Schwefeldioxydgas (SO_2) in die Atmosphäre. Der zugeführte Wasserdampf wird Teil des hydrologischen Zyklus und kondensiert schnell (Wasser bildend). Wie bereits erläutert, wirkt Wasserdampf in der Atmosphäre wie eine entscheidende, schnell wirkende Rückkopplung zur Temperatur. CO_2-Emissionen von Vulkanen weltweit verursachen einen externen Kohlenstoffeintrag, der auf etwa 0,1–0,15 GtC pro Jahr geschätzt wird, obgleich einige Schätzungen ein bisschen höher liegen und ihn auf etwa 0,5 GtC pro Jahr beziffern (*Notiz 79*). Im Verlauf der globalen Geschichte war externer Kohlenstoffeintrag durch vulkanische Prozesse, der über Millionen von Jahren oder mehr stattfand – insbesondere in Zeitspannen von einigen Zehn- bis Hunderttausend Jahren mit außergewöhnlich heftigen Ereignissen –, für das Klima sehr wichtig. Aber Vulkane haben heute keinen großen Einfluss verglichen mit den von Menschen verursachten Emissionen. Mit etwa 10 GtC pro Jahr sind die gegenwärtigen menschengemachten Emissionen mindestens zwanzigmal und möglicherweise gar bis zu hundertmal höher als die Kohlenstoffemissionen in Form von vulkanischem CO_2.

Vulkanische Emissionen von SO_2 umfassen geschätzte 13 Millionen Tonnen Schwefel oder 0,013 GtS pro Jahr. Zwar spielt diese Menge im atmosphärischen Schwefelzyklus eine relativ kleine Rolle spielt (*Notiz 80*), jedoch ist die zeitweilige und regional konzentrierte Natur dieses Eintrags für das globale Klima wichtig. Große explosive Eruptionen stoßen SO_2 in einer regional konzentrierten Weise in die Stratosphäre aus und erzeugen so Aerosole (winzige Schwebeteilchen in der Luft), also sehr kleine Tröpfchen, die meist aus Schwefelsäure bestehen. Diese können für ein paar Jahre in der Stratosphäre verbleiben und sowohl zu ISWR-Reflexion als auch zu OLWR-Absorption führen. Zusätzlich sind die Schwefelverbindungen zu stratosphärischem Ozon zerstörerisch. Die daraus resultierenden Nettoeffekte aufs Klima sind komplex. Allgemein gibt es ein Muster globaler Abkühlung, wie etwa die Abkühlung von etwa 0,5 °C für ein Jahr nach dem Ausbruch des Mount Pinatubo im Jahr 1991, aber regional kann es auch zu einer Wintererwärmung durch Temperaturänderungen in der unteren Stratosphäre kommen (*Notiz 81*). Hierbei ist wichtig, dass diese Effekte kurzlebig sind und sich nur über wenige Jahre erstrecken.

Gelegentlich geschehen wirklich große explosive (Super-)Vulkanausbrüche wie die Toba-Eruption in Indonesien vor etwa 75 000 Jahren, die Campanien-Eruption in Italien vor etwa 40 000 Jahren, die Oruanui-Eruption des Taupo in Neuseeland vor 26 500 Jahren und die Santorini-Eruption in Griechenland vor etwa 3600 Jahren. Diese mögen das Klima in Zeiträumen von bis zu mehreren Jahren beeinflusst haben und ein Großteil ihres Einflusses bestand in verstärkenden Rückkopplungseffekten innerhalb des Klimasystems. Ein näher an der Gegenwart liegender größerer Vulkanausbruch, nämlich der Tambora-Ausbruch von 1815, führte zu historisch dokumentierten Klimafolgen, insbesondere zu einem „Jahr ohne Sommer" (*Notiz 82*). Alles in allem fanden solche größeren vulkanischen Ereignisse mehr oder weniger zufällig auf die Zeit verteilt statt (*Notiz 83*) und produzierten Klimaereignisse, welche die sich regelmäßig wiederholenden astronomischen Klimazyklen punktuell unterbrachen.

Um eine anhaltende Veränderung zu erzeugen, würde man lange andauernde Cluster vulkanischer Ausbrüche benötigen. Es gibt keinen Hinweis darauf, dass sich solche clusterartigen größeren explosiven Eruptionen über einen längeren Zeitraum ereignet haben. Dies bedeutet nicht, dass es über die geologischen Zeiträume hinweg keine Zeiten größerer vulkanischer Aktivität gegeben hat. Solche Zeiträume gab es tatsächlich und sie dauerten über Hunderte oder Tausende bis hin zu Millionen von Jahren. Ein gutes Beispiel hierfür ist die Entstehung sogenannter „Large Igneous Provinces" (magmatische Großprovinzen, kurz LIP; *Notiz 84*) wie des Deccan-Traps im westlichen Zentralindien vor etwa 66 Millionen Jahren (*Notiz 52*). Für gewöhnlich gingen solche Ereignisse nicht mit Vulkanismus der explosiven Art einher, der viel effektiver in der Produktion von stratosphärischem Aerosol ist. Daher wird angenommen, dass während solcher Perioden der Einfluss von langfristigen externen Kohlenstoffemissionen dominiert hat.

Letztlich gibt es wenig Zweifel daran, dass Asteroiden- oder Kometeneinschläge im hohem Maße zerstörerische klimatische Auswirkungen haben können. Das bestbekannte Beispiel ist der Einschlag eines Mount-Everest-großen Asteroiden, der die Herrschaft der Dinosaurier vor 66 Millionen Jahren beendete. Solche großen Asteroideneinschläge können größere Klimaänderungen anstoßen, insbesondere durch ein sogenanntes „Impaktwinter"-Szenario (*Notiz 85*). Aber sie sind im Wesentlichen zufällig und glücklicherweise eine seltene Erscheinung. Daher will ich diesen Typ von Ereignissen nicht näher betrachten.

4.4 VERÄNDERLICHKEIT DER INTENSITÄT DER SONNENSTRAHLUNG

Hier begegnet uns eine Verkomplizierung: Auf der einen Seite wissen wir vieles aus genauen Messungen der gegenwärtigen Variationen in der gesamten Sonneneinstrahlung (engl. Total Solar Irradiance, kurz TSI), was der gesamten Intensität des Sonnenoutputs entspricht. TSI ist das, was ich zuvor als die gesamte Sonneneinstrahlung bezeichnet habe; diese beträgt etwa 1360 Watt pro Quadratmeter (W/m^2). Die TSI wurde von Satelliten über der Erdatmosphäre im Verlauf der letzten etwa 40 Jahre gemessen und die Ergebnisse zeigen, dass die TSI in diesem Zeitraum über einen Gesamtbereich von weniger als 2 W/m^2 fluktuierte (Notizen 86, 87). Ein 2-W/m^2-Bereich in der TSI entspricht einer global gemittelten ISWR-

Durchschnittsvariabilität von 0,5 W/m^2 vor Reflexion. Das sind nur 0,15 Prozent Variabilität in der ISWR. Aber wir wollen uns an dieser Stelle nicht zu schnell vom Thema Sonnenvariabilität abwenden, sondern zunächst das zweite Argument betrachten.

Denn auf der anderen Seite wurde herausgefunden, dass die TSI in Abhängigkeit von der Anzahl sichtbarer Sonnenflecken variiert: je mehr Sonnenflecken sichtbar sind, desto höher die TSI. Sonnenflecken werden seit etwa dem Jahr 1610 ernsthaft gezählt und Sonnenfleckengebiete werden seit 1874 aufgezeichnet (*Notizen 86, 87*). TSI-Schätzungen mithilfe dieser Methoden, aber auch längerfristige Schätzungen, die auf den gemessenen Variationen der Produktionsraten in Radiokohlenstoff und Beryllium-10 über die letzten 11 500 Jahre basieren, zeigen typische Variabilitätszyklen von etwa elf Jahren und darüber hinaus auch einige längere Zyklen (Abbildung 4.8). Interessanterweise zeigen viele Aufzeichnungen über vergangene Klimaveränderungen die gleichen Zyklen und Muster (*Notizen 22, 88, 89*). Deshalb wird gemutmaßt, dass Variationen in der Intensität der Sonnenstrahlung auf irgendeine Weise Klimavariabilität verursachen.

Dies führt zu einer kritischen Frage: Wie groß waren diese Variationen? Während der Kleinen Eiszeit, die sich grob in den Jahren 1400 bis 1850 ereignete, gab es drei Perioden mit keiner oder sehr geringer Sonnenfleckenaktivität: die sogenannten „Grand Solar Minima". Während der letzten dieser Perioden, die als Maunder-Minimum bezeichnet wird und sich von etwa 1645 bis 1715 ereignete, scheint die durchschnittliche TSI zwischen (höchstwahrscheinlich) 0,8 und (höchstens) 3 W/m^2 geringer gewesen zu sein als der heutige Durchschnitt, wenn wir alle Unsicherheiten mitberücksichtigen (*Notiz 87*). Deswegen war im tiefen Maunder-Minimum niedriger Sonnenstrahlung die ISWR nur 0,06 bis 0,22 Prozent schwächer als heute. Aufzeichnungen zeigen, dass das Maunder-Minimum zu den tiefsten Tiefständen und die heutigen Werte zu den höchsten Höchstständen der TSI innerhalb der letzten 10 000 Jahre zählen (Abbildung 4.8; *Notiz 87*).

Die Frage, wie sich solche kleinen Änderungen in der ISWR in so hohem Maße auf das Klimasystem ausgewirkt haben können, dass sie klar und deutlich aus Aufzeichnungen über vergangene Klimaveränderungen hervorzugehen scheinen, ist eine grundlegende (*Notiz 90*). Zwar gibt es immer noch keine vollständige Antwort, die Antwort wird jedoch für alle sehr wichtig sein – vom Wissenschaftler, der genau zu verstehen versucht, welche Prozesse zu welcher Reaktion beitragen, bis hin zu denjenigen Personen, die den Klimawandel beiseiteschieben wollen mit der Begründung, er sei allein auf natürliche Variabilität und nicht auf menschliche Einmischung zurückzuführen.

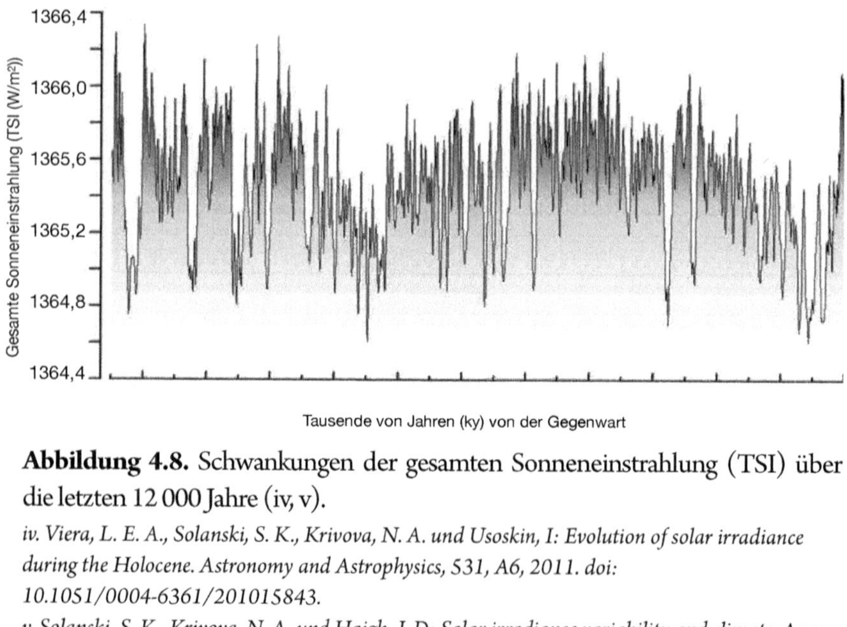

Abbildung 4.8. Schwankungen der gesamten Sonneneinstrahlung (TSI) über die letzten 12 000 Jahre (iv, v).

iv. Viera, L. E. A., Solanski, S. K., Krivova, N. A. und Usoskin, I: Evolution of solar irradiance during the Holocene. Astronomy and Astrophysics, 531, A6, 2011. doi: 10.1051/0004-6361/201015843.

v. Solanski, S. K., Krivova, N. A. und Haigh, J. D: Solar irradiance variability and climate. Annual Review of Astronomy and Astrophysics, 51, 311–351, 2013.

Wenn wir darüber ein wenig nachdenken, dann finden wir einen wahren Schatz an Informationen. Ja, die TSI-Einflüsse mögen gering gewesen sein, höchstwahrscheinlich haben sie eine Änderung in der ISWR (nach Reflexion) von ca. 0,15 W/m^2 und höchstens eine von ca. 0,5 W/m^2 bewirkt. Aber die bloße Tatsache, dass Klima-Antworten in einer Fülle von Rekonstruktionen natürlicher, vorindustrieller Veränderungen mit solchen kleinen Variationen der Sonnenausstrahlung überzeugend zusammenzufallen scheinen – mit der Kleinen Eiszeit als einem kritischen geschichtlich dokumentierten Beispiel –, bedeutet, dass kleine Änderungen in der Strahlungsbilanz des Klimas auf irgendeine Weise erkennbare Klimaveränderungen auslösen können, und zwar mittels Verstärkung durch Rückkopplungsmechanismen im Klimasystem.

Dieser Wissensschatz limitiert die Argumente (und ich habe viele gehört) eines jeden, der sagt: „Sicherlich kommen die beobachteten Veränderungen einfach von der Sonne; die Kleine Eiszeit war das Ergebnis eines Sonnenminimums, und die moderne Erwärmung ist nichts anderes als das Ergebnis der Erholung von diesem Minimum an Sonneneinstrahlung." Die Limitierung besteht nun darin, dass mit dieser Beweisführung die Person implizit und – darauf können Sie wetten – unbeabsichtigt akzeptiert, dass sehr kleine Ungleichgewichte in der Energiebalance der Erde wesentliche Folgen fürs Klima haben, da die Sonnenänderungen, auf die sie sich beziehen, bekanntlich gering sind.

Mit anderen Worten, die Person schließt auf eine sehr hohe Empfindlichkeit des Klimas gegenüber einer Änderung in der Energiebalance. Ironischerweise schließen Klimaforscher, die oft von denjenigen Leuten als Alarmisten scharf kritisiert werden, die die Empfindlichkeit übertreiben, tatsächlich auf eine viel geringere Empfindlichkeit. Dies ist einfach deshalb der Fall, weil Forscher nur einen Bruchteil der Temperaturänderung seit der Kleinen Eiszeit den TSI-Änderungen zuschreiben. Zusätzlich berücksichtigen sie eine größere Bandbreite von Änderungen der Energiebalance; durch vulkanische Einflüsse wie auch durch menschengemachte Treibhausgas- und Aerosol-Effekte. In einer solchen (recht typischen) Untersuchung ordnen Forscher nur 0,1 °C des 1°C-Temperaturanstiegs seit der Kleinen Eiszeit der TSI zu (*Notiz 87*). Hier haben wir einen klaren Fall, in dem die wissenschaftliche Einschätzung viel weniger dramatisch ist als das, was sich aus einer Wegwerfaussage ergibt, die oft benutzt wird, um Forscher wie Schwarzseher und Alarmisten aussehen zu lassen. Tatsächlich stellt sich heraus, dass der Alarmist ohne Zweifel diejenige Person ist, die jegliche Veränderung allein mit der Veränderlichkeit der Sonnenstrahlung zu erklären versucht.

Es ist auch wichtig, sich einen kurzen Augenblick Zeit zu nehmen, um über eine Größenordnungsangelegenheit nachzudenken. Als wir über etwa 0,15 W/m^2 bis zu einem Maximum von 0,5 W/m^2 von sonnenfleckenbedingtem Energie-Ungleichgewicht durch ISWR (nach Reflexion) sprachen, mag dies nahezu unwesentlich geklungen haben, da die ISWR (nach Reflexion) etwa 240 W/m^2 beträgt (zur Erwärmung im Bodenniveau). Aber einen besseren Vergleich bieten die gesamten Energiebalanceverschiebungen, die mit den letzten Eiszeitzyklen verbunden waren und eine globale Temperaturänderung um etwa 5 bis 7 °C beinhalteten. Diese Energiebalanceverschiebungen trugen nur zu etwa 10 W/m^2 bei. Zu einer ersten vernünftigen Schätzung des TSI-Einflusses auf die global gemittelte Durchschnittstemperatur gelangt man also, wenn 0,015 bis 0,05 (in der Größenordnung 10 W/m^2 / 340 W/m^2, vgl. Abbildung 3.1) mit 5 bis 7 °C (Temperaturänderung) multipliziert. Daraus ergibt ich ein wahrscheinlicher Wert von 0,08 °C bis zu einem maximalen Wert von 0,35 °C (*in Schlussfolgerung für Schwankungen von ISWR zu astronomischen Einflüssen, mit Zahlenwerten aus 0,015 × 5 und 0,05 × 7 folgend gemäß Auslösung der Temperaturänderung zu 5 bis 7 °C*). Diese Zahlen sind nicht völlig unwesentlich und sie stimmen tatsächlich ziemlich gut mit Werten aus hochentwickelten Modellen überein (*Notiz 87*).

4.5 ZUSAMMENFASSUNG UND AUSBLICK

In diesem Kapitel über die Ursachen von vergangenen natürlichen Klimaveränderungen begannen wir mit CO_2-Variationen, die dem Kohlenstoffzyklus der Erde geschuldet sind. Wir betrachteten zwei Haupttypen von Änderungen: einer betraf den Zufluss von externem Kohlenstoff und der andere nur die Neuverteilung von Kohlenstoff innerhalb der Kohlenstoffzykluskomponenten des aktiven Klimasystems (hauptsächlich Atmosphäre, Ozeane und Biosphäre). Wir sahen, dass sogar die dramatischsten natürlichen Eintragungen von externem Kohlenstoff in das Klimasystem während der letzten 100 Millionen Jahre oder mehr beachtlich langsamer vonstattengegangen sind als jene, die heute von der Menschheit verursacht werden, und dass die Natur Hunderttausende von Jahren brauchte, um diese Emissionen wieder zu beseitigen. Wir stellten auch fest, dass natürliche langesame Rückkopplungsprozesse innerhalb des Klimasystems dazu führen, dass jeglicher schneller CO_2-Anstieg eine Erwärmung verursacht, die wächst und für wenigstens mehrere Jahrhunderte andauert, sogar nachdem die Emissionen vollständig gestoppt wurden.

Als aktuelle Treiber natürlicher Klimaveränderungen wurden externe Kohlenstoffeintragungen diskutiert, gefolgt von Änderungen jahreszeitlicher und räumlicher ISWR-Unterschiede infolge astronomischer Veränderungen, die eine Reaktion anstoßen, welche dann stark von Rückkopplungsprozessen innerhalb des Klimasystems verstärkt wird. Wir argumentierten, dass vulkanische Eruptionen das Klima hauptsächlich durch Sulfat-Aerosole beeinflussen, während langandauernde Zeitabschnitte von außergewöhnlicher Vulkanaktivität dafür bekannt sind, zu bestimmten Zeiten der Erdgeschichte bemerkenswerte Treibhausgaszunahmen verursacht zu haben. Offensichtliche Auswirkungen aufs Klima durch große Asteroideneinschläge behandelten wir nur kurz.

Schließlich verbrachten wir etwas Zeit damit, die Variationen der gesamten Sonnenstrahlung zu betrachten. Wir fanden heraus, dass diese Variationen zwar schwach sind, aber überraschend häufig in Aufzeichnungen über Klimavariationen sichtbar werden. Der Zusammenhang zwischen einem schwachen Einfluss auf den Klimawandel und messbaren Ergebnissen ist bisher nicht erklärbar, aber wir diskutierten, was passiert, wenn man diesem Zusammenhang eine zu hohe Bedeutung beimisst. Solche Klimaverschiebungen wie die Kleine Eiszeit vollständig den Variationen der Sonne zuzuschreiben, würde eine unrealistisch hohe Klimaempfindlichkeit bezüglich Änderungen in der Strahlungseinwirkung implizieren.

Bis zu diesem Punkt haben wir uns darauf konzentriert zu verstehen, was Klimaveränderung unter dem Aspekt natürlicher Veränderlichkeit steuert. Wir stellten fest, dass natürliche Klimaveränderlichkeit hauptsächlich von anfänglichen Störungen angetrieben wurde, die relativ langsam und von relativ bescheidener Größe und Auftrittsdichte waren. Diese bescheidenen Störungen verursachten dann bedeutsame Klimavariationen durch den Einfluss von Rückkopplungsprozessen, die sich über beinahe jegliche Zeiträume auswirken, von „nahezu sofort“ bis zu „Millionen von Jahren“ (Abbildung 3.2). Nun ist es an der Zeit zu untersuchen, was sich seit Beginn der Industriellen Revolution verändert hat.

[5]

VERÄNDERUNG WÄHREND DES INDUSTRIEZEITALTERS

Das größte Teil des 1°C-Temperaturanstiegs seit Beginn der Industriellen Revolution hat sich in den letzten sechs Jahrzehnten ereignet (Abbildung 1.1). Die Erwärmung ist offenkundig in allen unabhängig aufgezeichneten Zeitreihen über globale Temperatur *(Notiz 4)*. Der allgemeine Erwärmungstrend wurde überlagert von einer Variabilität in einer Vielzahl von Zeiträumen, die hauptsächlich auf interne, also systemimmanente (Neu-)Verteilung der Wärme innerhalb des Atmosphäre-Ozean-Systems zurückzuführen ist. Die Weltmeere mit einer durchschnittlichen Tiefe von 3700 Metern verfügen über mehr als die tausendfache Wärmekapazität der Atmosphäre (*Notiz 91*). Allein die oberen 700 Meter, die in effektivem Austausch mit der Atmosphäre stehen, haben die 200-fache Wärmekapazität der Atmosphäre. Somit macht selbst ein winziger Bruchteil eines 1°C-Temperaturanstiegs im oberen Ozeanbereich eine riesige Menge Wärme aus. Dies bedeutet zwei Dinge: Erstens kann die atmosphärische Temperatur von nahezu nicht erfassbaren Veränderungen im Ozean wesentlich beeinflusst werden; und zweitens erfordern Berechnungen über die Erwärmung der Meere sehr genaue Temperaturmessungen. Präzise Messreihen für die Ozeane gibt es erst seit etwa 1960. Lasst uns einen Blick darauf werfen, was uns der Wärmeanstieg in Atmosphäre und Ozeanen über die Erdenergiebalance seit der Industriellen Revolution erzählt.

Der Temperaturanstieg der Erdoberfläche von ungefähr 1 °C während des industriellen Zeitalters, von dem mehr als zwei Drittel auf die Zeit nach etwa 1960 entfallen, ist das Resultat von „Forcing“ (Antriebskraft für Klimaveränderung). Unter Verwendung von Standardwerten für die Empfindlichkeit des globalen Klimas gegenüber Strahlungsantrieb (engl. Radiative Forcing) können wir bestimmen, dass diese 1°C-Erwärmung einem Klima-Forcing von ungefähr 1,1 bis 1,3 W/m^2 entspricht.

Im Gegensatz dazu haben die Ozeane ein solch großes Wärmespeichervermögen, dass sie ihre volle Erwärmung noch nicht realisiert haben – die Meere werden sich also noch für Jahrzehnte bis Jahrhunderte weiterhin erwärmen, selbst wenn es uns gelänge, alle vorhandenen Strahlungsantriebe auf ihrem gegenwärtigen Niveau „einzufrieren". In den etwa 55 Jahren seit 1960 hat sich der Wärmegehalt der oberen 200 Meter der Ozeane um grob 27×10^{22} Joules erhöht (*Notiz 92*). Dies ist eine riesige Zahl, nämlich 27 gefolgt von 22 Nullen. Zum Vergleich: die größte jemals erfolgte nukleare Explosion hat etwa 22×10^{16} Joules freigesetzt. So entspricht die Ozeanerwärmung seit 1960 einer Energieaufnahme von grob dem 1,2-Millionenfachen jener Explosion oder 60 solcher Explosionen *täglich* seit 1960. Wir können eine ungefähre Berechnung des Strahlungsantriebs anstellen, aus dem ein solcher Wärmezuwachs resultieren würde.

Ein Watt ist ein Joule pro Sekunde, so entsprechen 27×10^{22} Joules über 55 Jahre angehäuft etwa 156 Billionen Watt. Die Oberfläche der Weltmeere ist 361 Billionen Quadratmeter groß (*Notiz 93*) und der durchschnittliche Oberflächenbereich für die Schicht zwischen 0 und 2000 Metern Tiefe umfasst grob 90 Prozent davon (*Notiz 94*) oder 325 Billionen Quadratmeter. Deswegen können wir grob abschätzen, dass der über die Zeit gemittelte ozeanische Wärmegewinn in den 55 Jahren nach 1960 einem durchschnittlichen Forcing von etwa 0,5 W/m^2 entspricht. Neue aufwendige Schätzungen kommen auf ähnliche Werte (0,4 bis 0,6 W/m^2) für die oberen 2000 Meter (*Notiz 95*) beziehungsweise auf 0,53 bis 0,75 W/m^2 basierend auf den oberen 300 Metern (*Notiz 96*), während die neusten Schätzungen für die gesamten Weltmeere in der Zeit von 1991 bis 2016 auf eine Zunahme zwischen 0,72 und 0,94 W/m^2 hindeuten (*Notiz 97*).

Lasst uns von diesen Schätzungen ausgehend einfach sagen, dass der repräsentative Wert für die Ozeane grob 0,5 W/m^2 beträgt. Alles in allem stellen wir dann fest, dass die Erde auf einen Strahlungsantrieb von 1,1 bis 1,3 W/m^2 bereits in Form von Oberflächenerwärmung reagiert hat und dass noch etwa 0,5 W/m^2 hinzukommen, für die diese Oberflächenerwärmung bisher nicht voll realisiert ist, da sich die Ozeane nur langsam erwärmen. Daraus ergibt sich eine Gesamtsumme von 1,6 bis 1,8 W/m^2 (Box 5.1).

Unser grob geschätzter Bereich von 1,6 bis 1,8 W/m^2 stimmt ziemlich gut mit Schätzungen des Nettostrahlungsantriebs auf 1,13 bis 3,33 W/m^2 überein, die vom Intergovernmental Panel on Climate Change (Zwischenstaatlicher Ausschuss für Klimaänderungen, kurz IPCC) angestellt wurden (*Notiz 98*) und die Strahlungseinwirkung sämtlicher bekannter Prozesse berücksichtigen (Abbildung 5.1). Die Zahlen gehen also auf; der gesamte Strahlungsantrieb, der anhand von Messungen des atmosphärischen und ozeanischen Wärmezuwachses abgeschätzt werden kann, stimmt gut mit der Höhe desjenigen Strahlungsantriebs überein, der sich aus der Addition aller bekannten Klima-Prozessen ergibt, die zu einer Strahlungsänderung führen. Angesichts dessen ist es zwecklos, weiterhin zu leugnen, dass eine Erwärmung stattgefunden hat, oder darauf zu verweisen, dass wir die maßgeblichen Treiber dahinter nicht verstehen.

Box 5.1

Ein globaler Durchschnitt von grob 1,6 Watt pro Quadratmeter mag nicht nach viel klingen, jedoch handelt es sich hierbei um eine enorme Menge an Wärme. Die Erdoberfläche umfasst etwa 510 Millionen Quadratkilometer oder 510 Billionen Quadratmeter. Lasst uns versuchen, ein Gefühl für das Ausmaß an Wärme zu bekommen, die aus 1,6 W/m^2 über eine solche große Oberfläche entsteht. Ein großer Heizpilz produziert auf voller Leistung 12 000 W; somit gibt er auf einer Fläche von 7500 Quadratmetern im Durchschnitt 1,6 W/m^2 ab. Dies bedeutet, dass 1,6 W/m^2 – als ein auf die gesamte Erdoberfläche bezogener Durchschnitt – dem Einsatz von 68 Milliarden großen Heizpilzen gleichkommen, die Tag und Nacht auf voller Leistung arbeiten (mit anderen Worten würden somit für jede Person auf der Erde etwa zehn große Heizpilze Tag und Nacht auf voller Leistung laufen).

Wenn jedoch noch mehr Überzeugung erforderlich ist, muss man nur die Beziehung zwischen der Temperaturänderung und der Gesamtmenge an emittiertem Kohlenstoff betrachten (Abbildung 5.2). Diese Beziehung erweist sich als sehr leicht verständlich: sie ist nahezu linear und sehr eng definiert. Dies zusammengenommen macht sie zu einer der intuitivsten (also anschaulichsten und verständlichsten) Beziehungen zur Erstellung von Temperaturprognosen bezüglich zukünftiger Emissionsbeiträge (*Notiz 99*). Schließlich müssen wir nicht alle Einzelheiten abbilden, um in groben Zügen das große Ganze zu veranschaulichen, sofern der Betrachter zu einer unvoreingenommenen Herangehensweise bereit ist. Es erscheint produktiver, die vorliegenden Messungen zu akzeptieren und dann seine Energie in das Ausarbeiten von Lösungen zu investieren.

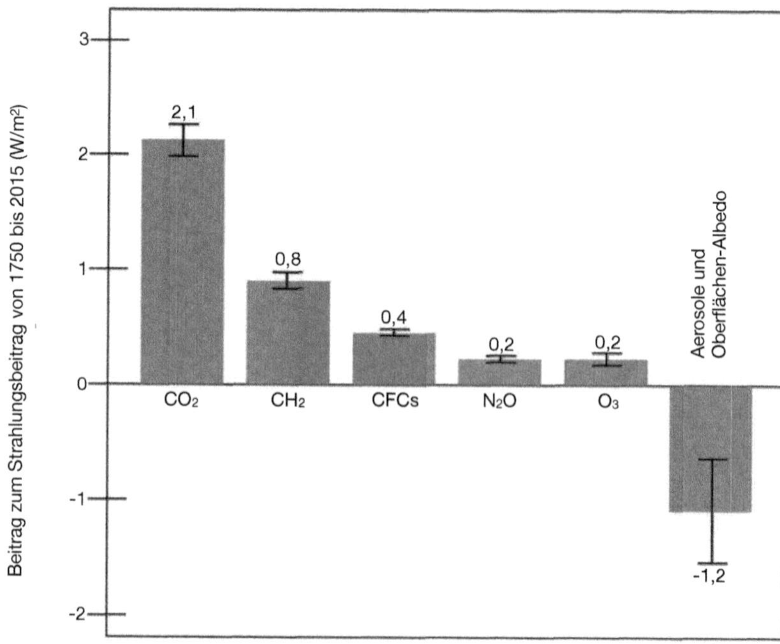

Abbildung 5.1. Vereinfachter Überblick über die Hauptbeiträge zu den Veränderungen in den Strahlungsantriebskräften vom Beginn der Industriellen Revolution bis zur Gegenwart (i). Für eine komplettere Analyse siehe

Ref. 2 (ii). Beachte, dass Aerosole und Oberflächen-Albedo einen negativen Beitrag leisten, da zum einen mehr Aerosole in der Atmosphäre vorhanden sind zum anderen weniger reflektierende Waldgebiete zugunsten von stärker reflektierendem Ackerland gerodet wurden; der Planet reflektiert daher heute stärker als vor der Industriellen Revolution. Die doppelten T-förmigen Balken zeigen Unsicherheitsintervalle an und die angegebenen Werte betreffen die mittlere Schätzung zu jedem Beitrag.

i. Hansen, J., Sato, M., Kharecha, P., von Schukmann, K., Beerling, D. J., Cao, J., Marcott, S., Masson-Delmotte, V., Prather, M. J., Rohling, E. J., Shakun, J., Smith, P., Lacis, A., Roussel, G. und Ruedy, R.: Young people's burden: requirement of negative CO_2 emissions. Earth System Dynamics, 8, 577–616, 2017.

ii. Abbildung SPM-05 in: https://archive.ipcc.ch/report/graphics/index.php?t=Assessment%20-Reports&r=AR5%20-%20WG1&f=SPM

Wie zuvor erwähnt, hat der IPCC die Antriebe für Strahlungsänderung im Detail betrachtet (siehe Abbildung 5.1, *Notiz 98*). Es würde zu weit führen, auf all das erneut einzugehen, da der Bericht öffentlich verfügbar ist. Es ist offensichtlich, dass CO_2 und CH_4 eine zentrale Rolle spielen, wenn es darum geht, Überlegungen anzustellen, wie wir den Strahlungsantrieb (ebenso wie atmosphärische Aerosole und die Oberflächen-Albedo infolge veränderter Landnutzung) positiv beeinflussen können. Seit dem Beginn der Industriellen Revolution hat die CO_2-Zunahme etwa 2 W/m^2 und die CH_4-Zunahme etwa 1 W/m^2 hinzugefügt (Abbildung 5.1). Betrachten wir nur die letzten 15 Jahre, dann ist CO_2 für mehr als 80 Prozent des hinzugekommenen Treibhausgas-Forcings verantwortlich; wenn wir in hohem Maße von fossilen Brennstoffen abhängig bleiben, dann wird CO_2 der maßgebliche Antriebsfaktor für zukünftiger Temperaturveränderungen bleiben (Notizen 2, 72). Das ist auch der Grund, warum wir CH_4 nur kurz behandelt haben, bevor wir zu einer detaillierten Diskussion von CO_2 übergehen.

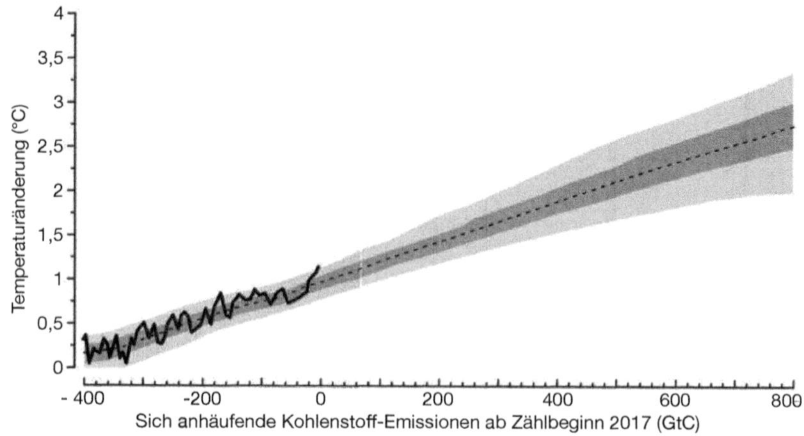

Abbildung 5.2. Temperaturveränderung als Funktion der kumulierten (Gesamtsumme) Kohlenstoffemissionen.
Die angegebenen Werte beziehen sich auf den Beginn des Jahres 2017 und beinhalten modellbasierte Zukunftsprognosen (siehe iii). Die fette Linie steht für die Beobachtungen und die gestrichelte Linie für den Median durch die Daten und Zukunftsprognosen (der Median ist ein Mittelwert; somit liegen 50 Prozent der Werte darunter und 50 Prozent darüber). Die dunkle Grauschattierung zeigt das 68-Prozent-Konfidenzintervall und die helle Grauschattierung das 95-Prozent-Konfidenzintervall.
iii. Goodwin, P. A., Katavouta, A., Roussenov, V. M., Foster, G. L., Rohling, E. J und Williams, R. G.: Pathways to 1.5°C and 2°C warming based on observational and geological constraints. Nature Geoscience, 11, 102–107, 2018.

Die Methankonzentration (CH_4) in der Atmosphäre hat sich seit vorindustriellen Zeiten nahezu verdreifacht. Dieser Zuwachs schließt zweierlei ein: sowohl externen Kohlenstoffeintrag als auch Kohlenstoffneuverteilung innerhalb des Systems aus Hydrosphäre, Biosphäre und Atmosphäre. Methan oxidiert leicht zu CO_2 und Wasserdampf, und der Abbau von Methan hängt hauptsächlich von dieser chemischen Zerlegung ab, eher weniger von der Aufnahme von Kohlenstoff in andere Reservoire, wie im Fall von CO_2. Etwa ein Drittel der Methanemissionen in die Atmosphäre stammt aus natürlichen Quellen, von Feuchtgebieten, Termiten, den Ozeanen oder als Resultat einer Permafrostreduzierung. Zwei Drittel sind vollständig menschlichen Ursprungs und gehen hauptsächlich auf fossile Brennstoffe und intensive Viehhaltung zurück. Zusätzlich sind die Abfallbehandlung und Mülldeponierung, die Verbrennung von Biomasse, der Reisanbau und Biotreibstoffe für beachtliche Methaneintragungen verantwortlich (*Notizen 100, 101*).

Die CO_2-Zunahme betrifft nahezu ausschließlich die Hinzufügung von externem CO_2. Insgesamt haben die atmosphärischen Niveaus zugenommen von etwa 280 ppm auf über 400 ppm seit Beginn der Industriellen Revolution (Abbildungen 1.1, 2.1, *Notizen 102, 103*). Messungen der CO_2-Konzentration in Luftblasen von Fossilien, die in den Eisschilden von Grönland und Antarktika eingeschlossen sind, zeigen, dass über die Eiszeitzyklen der letzten 800 000 Jahre die CO_2-Niveaus zwischen 180 und etwa 280 ppm fluktuierten (Abbildung 2.1, *Notizen 103, 104*). Somit lagen sie während der letzten 800 000 Jahre niemals so hoch wie heute. Auch ist die Zunahme seit der Industriellen Revolution (120 ppm) bereits größer als alle natürlichen CO_2-Schwankungen, die mit den Eiszeiten zusammenhängen (100 ppm). Die CO_2-Niveaus vor 800 000 Jahren können nur indirekt gemessen werden, aber doch hinreichend genau, um zu belegen, dass der letzte Zeitraum, in dem es auf der Erde ähnliche hohe CO_2-Werte gab wie die gegenwärtigen 400 ppm, das Pliozän vor etwa drei Millionen Jahren ist, als der Planet etwa zwei Grad wärmer war als heute (*Notizen 60, 105, 106*).

Der heutige CO_2-Anstieg von etwa 120 ppm hat über etwa 150 Jahre stattgefunden. Dies ist ein Durchschnitt von etwa 0,8 ppm pro Jahr. Aber der CO_2-Anstieg beschleunigt sich und in den letzten Jahren hat er um etwa 3 ppm pro Jahr zugenommen. Zum Vergleich offenbaren Eiskerndaten, dass sich das natürliche CO_2-Niveau mit einer typischen Geschwindigkeit von 1 ppm *pro Jahrhundert* verändert hat, mit einem Maximum von etwa 3 ppm *pro Jahrhundert*. Es erscheint so, als sei die CO_2-Zunahme in den letzten Jahren um etwa den Faktor 100 schneller vonstattengegangen als zu Zeiten der schnellsten natürlichen CO_2-Zunahmen der vorangegangenen 800 000 Jahre. In ähnlicher Weise sahen wir zuvor, dass sich die höchsten Schätzungen für die Anstiegsraten während einiger der katastrophalsten natürlichen Ereignisse von externem CO_2-Eintrag in die geologische Aufzeichnung (die sogenannten Kohlenstoffisotopenereignisse, engl. Carbon Isotope Excursion, kurz CIE) auf etwa 3000 ppm in etwa 4000 Jahren beziehungsweise auf 0,75 ppm pro Jahr belaufen. Das ist bestenfalls vergleichbar mit der durchschnittlichen Rate für die vergangenen 150 Jahre und etwa viermal langsamer als der CO_2-Anstieg in den letzten Jahren. Diese Vergleiche machen deutlich, dass der moderne CO_2-Anstieg nicht natürlich ist – sogar während der größten Katastrophenereignisse hat die Natur keinen so hohen CO_2-Anstieg erlebt wie heute.

Ich werde oft gefragt, wie wir sicher sein können, dass der CO_2-Anstieg seit dem Industriezeitalter von Menschen verursacht wurde und nicht von natürlichen Vorgängen. Es gibt mehrere Wege, wie dies aufgezeigt werden kann. Als Erstes und am einfachsten können wir belegen, dass etwa 95 Prozent des von extern her eingetragenen Kohlenstoffs, der die moderne CO_2-Zunahme befördert, von Emissionen aus der Verbrennung fossiler Brennstoffe resultieren; dafür genügt ein Blick in die ökonomischen Aufzeichnungen über fossile Brennstoffnutzung (Abbildung 1.2, *Notiz 2*). Die übrigen 5 Prozent gehen auf die Zementherstellung zurück. Bei der Durchführung solcher Schätzungen wurde festgestellt, dass unsere Kohlenstoffemissionen grob doppelt so hoch waren, wie sie sein müssten, um damit den atmosphärischen CO_2-Anstieg zu erklären (*Notiz 107*). Deswegen gibt es keinen Zweifel, dass unsere Emissionen zur Genüge ausreichen, um den Anstieg zu erklären. Wie zuvor erwähnt, ist der Großteil der „fehlenden" Hälfte des emittierten Kohlenstoffs in den Meeren verschwunden, wo er zu deren Versäuerung beiträgt.

Zweitens ist die weitverbreitete Veränderung hin zu tieferen atmosphärischen Kohlenstoffisotopwerten, wie in einer Vielfalt von Materialien gemessen, ein überzeugender Indikator dafür, dass der Großteil der modernen CO_2-Zunahme von der Verbrennung fossiler Brennstoffe herrührt (*Notizen 108, 109, 110*). Infolge der Prozesse, die an der Anhäufung von Kohlenstoff in Pflanzen und nachfolgend an der Reifung zu Erdöl beteiligt sind, haben fossile Brennstoffe niedrige Kohlenstoffisotopwerte. Die Verbrennung von fossilen Brennstoffen setzt dieses Signal frei, was dann die gemessene Verschiebung verursacht. Die Aufzeichnungen bezüglich der Ozeane zeigen einen ähnlichen Trend hin zu zunehmend niedrigeren Kohlenstoffisotopwerten (*Notizen 110, 111*). Angesichts der Tatsache, dass dieser Trend überall zu beobachten ist, muss er eher von einer globalen Veränderung der Kohlenstoffisotopwerte infolge externen Kohlenstoffeintrags verursacht worden sein als von einer Neuverteilung von Isotopen zwischen Reservoirs.

Drittens sind fossile Brennstoffe Millionen von Jahre alt und weisen daher keine Radioaktivität auf, da radioaktiver Kohlenstoff immer in weniger als 100 000 Jahren zerfällt. Daraus lässt sich folgern, dass die im Rahmen von Radiokohlenstoffmessungen an Wachstumsringen von Bäumen aus den letzten 200 Jahren festgestellten Rückgänge (*Referenz 112*) ein klares Signal für den Eintrag von altem (fossilem) Kohlenstoff in die Atmosphäre durch Emissionen ist (*Notiz 113*).

Zusammengefasst beweisen die Daten aus verschiedenen und voneinander unabhängigen Forschungsbereichen zweifelsfrei, dass a) die CO_2-Niveaus während des Industriezeitalters auf die höchsten Werte seit drei Millionen Jahren angestiegen sind; b) die CO_2-Niveaus während des Industriezeitalters extrem schnell angestiegen sind, in letzter Zeit einige Hundert Male schneller als sämtliche bekannten Anstiegsraten der letzten 800 000 Jahre und um ein Vielfaches schneller als während der katastrophalsten natürlichen Ereignissen von extern herrührenden Kohlenstoffeintrag; und c) dieser CO_2-Anstieg im Industriezeitalter zu einem sehr großen Anteil (etwa 95 %) durch Verbrennung von fossilen Brennstoffen verursacht wurde.

Im weiteren Verlauf dieses Kapitels werden einige kritische Aspekte der Konsequenzen des übermäßigen CO_2-Anstiegs im Industriezeitalter abgeschätzt.

5.1 DIREKTE EFFEKTE

Zuerst und an allererster Stelle unter den Auswirkungen von Veränderungen der Energiebalance der Erde seit der Industriellen Revolution ist die Oberflächenerwärmung zu nennen, sowohl an Land als auch in den Ozeanen. Die Erderwärmung an Land ist besonders augenscheinlich. Sie hat zu einer deutlichen Ausweitung der Klimazonen in beiden Hemisphären hin zu den Polen geführt, mit weitreichenden Folgen. Zum Beispiel hat die Ausweitung der subtropischen Klimazonen hin zu den Polen eine zunehmende Trockenheit an den polwärts gerichteten Rändern dieser Zonen hervorgerufen (*Notizen 2, 114*). Auch die Regionen mit tropischem Klima haben merklich zugenommen (*Notizen 115, 116*) und die polaren Bedingungen in der arktischen Region sind erkennbar zurückgegangen, worauf wir später in diesem Kapitel zurückkommen werden.

Die Verschiebung der Klimazonen hat sehr große Auswirkungen. Diese betreffen nicht nur die Breitenverschiebung der Klimazonen, sondern es kommt weitverbreitet auch zu Aufwärtsverschiebungen der Klimazonen in größere Höhen und Bergregionen hinein, welche die ökologischen Nischen von an Hochlagen angepasster Flora und Fauna bedrohen (*Notiz 117*). Zum Beispiel haben etwa 75 Prozent aller Meereslebewesen eine Verlagerung ihrer Lebensräume von etwa 1000 Kilometer in Richtung der Pole erfahren (*Notizen 118, 119*). Der Lebensbereich von mehr als 50 Prozent der landlebenden Spezies hat sich etwa 600 Kilometer in Polrichtung und etwa 400 Meter in Aufwärtsrichtung verschoben (*Notiz 120*). Insgesamt wurde festgestellt, dass der menschliche Einfluss – aus vielen Gründen, von denen Klimaveränderung nur einer ist – die Aussterberate von Arten auf heutige Niveaus getrieben hat, die tausendfach oder noch höher sind, als es die natürlichen Aussterberaten von Arten in der Vergangenheit waren (*Notizen 52, 121*).

In ein paar Jahrzehnten erwarten uns sogar noch zerstörerischere direkte Einflüsse infolge der Klimawandels, wenn wir mit Emissionen weiter so verfahren wie bisher (wenn wir also das fortsetzen, was wir in den letzten Jahrzehnten taten). Menschen sind ebenso wie fast alle großen warmblütigen Säugetiere für Stress und schließlich Tod durch Hitze empfänglich. Hitzestress entwickelt sich bei etwa 38 °C mit 0 Prozent Luftfeuchtigkeit oder bei etwa 20 °C mit 100 Prozent Luftfeuchtigkeit; der Hitzetod kann bei etwa 50 °C mit 0 Prozent Luftfeuchtigkeit oder bei 30 °C mit 100 Prozent Luftfeuchtigkeit eintreten, insbesondere wenn man diesen Bedingungen über zwanzig Tage oder mehr permanent ausgesetzt ist (*Notiz 122*). Viele tropische und subtropische Gegenden dieser Welt liegen bereits gefährlich nah an diesen Werten. Wenn wir weiter so handeln wie bisher, wird die tödliche Temperaturschwelle nahezu durchweg *jeden Tag eines Jahres* (300+ Tage pro Jahr) in weiten Teilen des Amazonas-Regenwalds, des tropischen Westafrikas, der südlichen Hälfte von Indien und Indonesiens nahe dem Jahr 2100 durchweg überschritten werden (*Notiz 122*). Unter einem Weitermachen-wie-bisher-Szenario sind wir somit nur wenige Jahrzehnte von Zeiten entfernt, in denen an mehr als 20 Tagen in Folge Hitzestress- und Hitzetod-Bedingungen herrschen werden.

Andere große Säugetiere werden in ähnlichem Ausmaß betroffen sein wie die Menschen. Infolgedessen sollten wir mit erheblichen Auswirkungen auf Nahrungsvorräte wie auch auf menschliche Populationen rechnen, insbesondere da sich Rinder, Schweine und andere Tiere nicht in gekühlte/klimatisierte Umgebungen zurückziehen können. Zusätzlich werden wilde Ökosysteme betroffen sein und so auch die Landwirtschaft und die maritimen Systeme; die daraus resultierenden Auswirkungen werden sehr wahrscheinlich global zu fallenden Erträgen und sinkender Produktivität führen.

Die Erwärmung der Ozeane hat bereits schwerwiegende Folgen für die Korallenriffe (*Notiz 123*). Bis in die frühen 1980er-Jahre kam es nur ungefähr einmal alle drei Jahrzehnte zu Korallenbleiche-Ereignissen. Heute geschieht das ca. einmal alle sechs Jahre, an einigen Orten sogar häufiger. Korallenbleiche entsteht, wenn die Korallen von hohen Wassertemperaturen gestresst sind. Dies führt dazu, dass die Korallen ihre Symbionten vertreiben, welche in diesem Fall Algen sind, die Photosynthese betreiben, indem sie mithilfe von Pigmenten Sonnenenergie einfangen. Wenn sich die Korallen von den Algen trennen, verlieren sie deshalb ihre Farbe und werden durchsichtig. Dies wiederum macht es möglich, das weiße Calciumcarbonatskelett durch den Korallenpolypen (Polyp: auf einem Untergrund festsitzende einfache Meereskreatur mit Fangarmen) zu sehen, sodass die Koralle weiß oder „gebleicht" aussieht. Wenn solche Korallenbleiche-Ereignisse nicht häufig auftreten, dann können die Korallen neue Symbionten aufnehmen und ihre farbenprächtige Erscheinung zurückgewinnen. Aber die Erholung erfordert typischerweise ein paar Jahre und kann unvollständig bleiben – einige Bereiche des Riffs können absterben. Wenn solche Ereignisse in zu kurzen Abständen stattfinden, dann bleibt für eine Erholung nicht genug Zeit und der größte Teil eines Riffs stirbt ab. Wissenschaftliche Riffbeobachtungen zeigen, dass wir bei vielen Riffen rund um die Welt an ebendiesem kritischen Punkt angelangt sind (*Notiz 124*). Dies ist ein Problem, das nicht genug betont werden kann, da Korallenriffe der Lebensraum von etwa einem Drittel aller Biodiversität in den Ozeanen sind, während Meere mehr als zwei Drittel der Erdoberfläche bedecken.

Die Erwärmung hat einige weitere wichtige Auswirkungen: eine Zunahme der Verdampfung und eine höhere Wasserdampf-Transportkapazität in einer wärmeren Atmosphäre. Dies war ein Treiber für eine beachtliche Zunahme regionaler Dürren, bei denen Verdampfung dominierte, und für Überflutungen, bei denen Niederschlag dominierte. Zusätzlich unterliegen der erhöhte Transport latenter Wärme in die Atmosphäre (das ist die für Verdampfung benutzte und während Kondensation freigesetzte Wärme), und die verstärkten Unterschiede zwischen warmen und kalten Regionen, allgemein verstärkten Bedingungen für Energieumwandlung mit Zunahme in der Intensität von Stürmen. Neuere Forschungen deuten auf eine neugierig machende Klimareaktion hin, die darin besteht, dass weniger starke Stürme abgeschwächt und stärkere Stürme intensiviert werden (*Notiz 125*).

Hurrikans sind ein Beispiel zu diesem Punkt. Es gilt zu beachten, dass im weiteren Verlauf nur von Hurrikans die Rede sein wird, obgleich Hurrikans im westlichen Pazifik als Taifune bekannt sind. Die Entwicklung von Hurrikans erfordert eine wärmere Meeresoberflächenschicht als 26,5 °C und eine beschränkte vertikale Scherung der Winde (Stärke der Windzunahme mit der Höhe) über der Seeoberfläche (*Notiz 126*); das heißt, dass sich die

Windgeschwindigkeiten auf Höhe des Meeresspiegels nicht erheblich von denen in größerer Höhe unterscheiden dürfen. Unter richtigen Bedingungen entwickeln sich Hurrikans aus tropischen Stürmen, die an Intensität gewinnen. Während Luft schneller und schneller in die sich infolge des Sturms intensivierende Niederdruckzelle gesaugt wird, lenkt schließlich die Erdrotation den Luftfluss in eine kraftvolle Zirkulation rund um das zentrale Auge herum: so entstehen die berüchtigten Hurrikanwinde. Hurrikanregenfälle und -winde sind schon für sich genommen extrem zerstörerisch und bewirken zusätzlich plötzliche und verheerende Veränderungen der lokalen Meeresspiegel. Die Hochwasser, die mit sogenannten Sturmfluten einhergehen, können mehrere Meter erreichen (*Notiz 127*) und ausgedehnte Küstenzerstörungen sowie massive Landüberflutungen hervorrufen, wenn sie in Flüsse eindringen und Deiche brechen.

Die Expansion der Klimazonen in Polrichtung in beiden Hemisphären, der wir zuvor begegneten, geht mit einer entsprechenden Expansion warmer Meeresgebiete einher; diese betrug in den letzten 30 Jahren 60 Kilometer pro Jahrzehnt (*Notiz 128*). Dieser Zuwachs an Gebieten, die potenziell von Hurrikans betroffen sein können, resultiert wenigstens teilweise aus der Treibhausgaszunahme (*Notiz 129*) und bedeutet, dass selbst Gebiete, die zuvor nie oder selten von Hurrikans bedroht waren, nun zu den Risikobieten zählen. Einige Modellierungen haben zum Beispiel gezeigt, dass Westeuropa zunehmend ins Fadenkreuz geraten könnte, insofern Hurrikan-Zuglinien Europa erreichen könnten, und das sogar bei moderaten Treibhausgasszenarien (*Notiz 130*). In gewissem Maße könnte man die entsprechende Studie als eine „Vorhersage“ des Hurrikans Ophelia sehen, dem es im Jahr 2017 gelang, die Britischen Inseln zu erreichen.

Über das letzte Jahrhundert hinweg haben sich die Ozeane erwärmt und dieser Trend hat sich in den letzten drei Jahrzehnten beschleunigt (*Referenz 131*). Infolgedessen wird eine Veränderung hin zu weniger, aber intensiveren tropischen Zyklonen und Hurrikans erwartet (*Notiz 132*). Außerdem verstärkt es die Regenfälle bei allen tropischen Zyklon- und Hurrikan-Ereignisse. Wir müssen deswegen in dreifacher Hinsicht eine höhere Überschwemmungsgefahr befürchten: durch verstärkte Sturmfluten, erhöhte

Gesamtniederschlagsmengen und durch Ausweitung der Hurrikan-Risikogebiete.

Die Erwärmung hat zudem eine deutliche Abnahme polarer Bedingungen in der Arktis verursacht; damit einhergehend ist ein zunehmend geringerer Teil der Meere dauerhaft mit Eis bedeckt und auch der Anteil an Permafrostflächen geht stetig zurück, woraus eine Abnahme von Tundragebieten resultiert. Dies hat eine weitere Klimarückkopplung ausgelöst, insofern der Rückgang von Permafrost und die Erwärmung der polaren Meere zu einer Freisetzung von Methan (CH_4) geführt haben, das zuvor für Tausende von Jahren unter und in den gefrorenen Sedimenten eingeschlossen war (*Notizen 133, 134, 135*). Methan ist ein starkes Treibhausgas; Molekül für Molekül ist das Treibhausgaspotential von CH_4 über 25-mal stärker als das von CO_2. Aber es ist relativ kurzlebig in den mit Sauerstoff versorgten Oberflächenumgebungen der Erde. Die durchschnittliche Lebensspanne von Methan beträgt nur wenige Jahre, da es leicht zu CO_2 oxidiert. CO_2 ist weniger wirksam, aber dafür in der Atmosphäre langlebig (um ein Jahrhundert herum), wobei ein Fünftel davon für viele Tausend Jahre dort verbleibt.

Einige Untersuchungen deuten auf eine Beziehung zwischen der Reduzierung von arktischem Meereis sowie schneebedeckten Oberflächen und einer Veränderung im Verlauf des subpolaren Jetstreams hin. Gemeinsam mit allgemeinen Klimazonenverschiebungen mag hierauf die erhöhte Häufigkeit von Extremwetterereignissen zurückzuführen sein wie etwa heftigen Wintereinbrüchen in Zentral- und dem östlichen Nordamerika sowie in Zentral- und Nordwesteuropa, Witterungsabschnitten mit außergewöhnlich warmen Winterbedingungen in Alaska und europäischen/eurasischen Hitzewellen (*Notizen 136, 137*). Ohne eine wesentliche Reduktion von Treibhausgasemissionen wird geschätzt, dass um das Jahr 2100 allein in Europa etwa 152 000 Menschen pro Jahr durch Extremwetter ums Leben kommen könnten, verglichen mit 2700 Toten pro Jahr in heutiger Zeit (*Notiz 138*). Die überwältigende Mehrzahl jener Todesfälle würde sich auf Hitze beziehen.

Obgleich es nicht den Strahlungsantrieb (Forcing) betrifft, ist es unerlässlich, eine als gesichert geltende direkte Folge unserer Kohlenstoffemissionen zu erwähnen: Sie betrifft die zunehmende Menge von CO_2, die vom Ozean aufgenommen wird und die Versäuerung der Meere vorantreibt (*Notizen 52, 67, 68*). Gemeinsam mit der Erwärmung hat dies nachteilige Auswirkungen auf eine große Bandbreite von Organismen, vor allem jene mit Carbonatskeletten wie Austern, Miesmuscheln, Klaffmuscheln, Korallen und Mikroplankton (*Notizen 139, 140, 141*). Es wird rechtzeitige Reaktionen und einschneidende lokale Maßnahmen erfordern, um die daraus resultierenden wirtschaftlichen Auswirkungen zu begrenzen, zum Beispiel für die Muschelfischerei (*Notiz 142*).

Geologische Studien über vergangene Kohlenstoff-Isotop-Exkursionen (die CIE) offenbaren, dass die Ozeanversäuerung damals zwar einen Einfluss auf solche Organismen hatte, sie aber nicht tötete, möglicherweise weil die Veränderungen langsam genug vor sich gingen, dass sich die Organismen an den zunehmenden Säuregehalt der Ozeane anpassen konnten (*Notiz 143*). Wie wir zuvor gesehen haben, gehen der menschliche Kohlenstoffausstoß und die damit verbundene Ozeanversäuerung schneller vonstatten als selbst zu Zeiten der verheerendsten CIE. Es wird befürchtet, dass viele maritime Arten angesichts dieser Geschwindigkeit nicht zu einer ähnlichen Anpassungsreaktion imstande sein werden.

Für mehr Einflüsse und mehr Details zu den oben kurz diskutierten verweise ich den Leser auf die Fülle von Berichten, die sich den verschiedenen direkten Klima-Reaktionen und ihrem Potential für zunehmende klimatische Extrema gewidmet haben, einschließlich außergewöhnlicher Hitzewellen, Niederschlagsereignisse, extremer Stürme, Sturmbahnverlagerungen usw. Siehe z. B. Referenz 2 (*Notiz 2*) und natürlich die umfangreichen und maßgebenden IPCC-Berichte. Im Folgenden will ich stattdessen die Aufmerksamkeit auf umfassendere Klimaareaktionen lenken, die sich über längere Zeiträume entwickeln und die in den Kontext geologischer Studien über natürliche Klimavariationen vor dem Eingreifen des Menschen eingeordnet werden können. Sie lassen sich unter zwei Überschriften organisieren: Klimasensitivität und Meeresspiegelveränderung. Wir werden sie nacheinander betrachten.

5.2 GLOBALE REAKTIONEN UND KLIMASENSITIVITÄT

Auf jegliche Erhöhung des Strahlungsantriebs (Forcing) muss das Klimasystem reagieren. Wie wir gesehen haben, verursacht die resultierende Erwärmung eine Zunahme der OLWR, die schließlich den Planeten in eine Energiebalance zurückbringt.

Die Erwärmung betrifft sowohl Ozeane als auch Landmassen, aber ihre Erwärmungsantworten erstrecken sich über unterschiedliche Zeitspannen. Die Erwärmung der Ozeane ist ein langsamer Vorgang; nur die Oberflächenschichten absorbieren einfallende Strahlung, die sie erwärmen, und nur die Oberfläche der Ozeane tauscht Wärme mit der Atmosphäre aus, sowohl in direkter Weise als auch durch den sogenannten latenten Wärmeaustausch, der Verdampfung und Kondensation einschließt. Da die Winde allmählich die oberen Ozeanschichten bis zu einer Tiefe von etwa 700 Meter miteinander vermischen, verursachen die Oberflächeneffekte über mehrere Jahrzehnte bis über ein oder zwei Jahrhunderte hinweg Veränderungen in dieser oberen 700-Meter-Schicht. Der Wärmeaustausch mit tieferen ozeanischen Schichten verlangt jedoch eine Vermischung und umfangreiche Zirkulation und schreitet sehr langsam voran; die Tiefsee zirkuliert typischerweise in einem Zeitraum von eintausend Jahren. Somit geht die Erwärmung der oberen Ozeanschicht innerhalb von Jahrzehnten vonstatten, was für den Ozean schnell ist, aber nach menschlichem Zeitverständnis doch ziemlich langsam, während sich die Tiefsee erst innerhalb mehrerer Jahrhunderte oder gar erst in mehr als eintausend Jahren anpassen wird.

Die Erwärmung an Land ist eine andere Sache, denn sie ist ein sehr schneller Prozess. Nahezu jeder wird aus seiner persönlichen Erfahrung wissen, dass sich Meerestemperaturen mit den Jahreszeiten nur geringfügig verändern, während Landtemperaturen nahezu sofort mit dem Tag-Nacht-Wechsel variieren. Dies ist der Grund, warum in ähnlichen Breitengraden maritime Klimata herrschen, beispielsweise über Westeuropa, die im Zeitverlauf viel geringere Veränderungen aufweisen als kontinentale Klimata, wie beispielsweise in Kanada.

Kurz gesagt passen sich Landtemperaturen nahezu unmittelbar an Veränderungen der Strahlungsantriebskräfte an, während Ozeantemperaturen viele Jahrzehnte bis zu vielen Jahrhunderten für eine Anpassung benötigen. Daraus ergeben sich wichtige Konsequenzen für die Betrachtung von Klimaänderungen zu jedem Zeitpunkt. Bevor diese Einflüsse jedoch ausgewertet werden können, müssen wir zuerst die weiteren Folgen jeglicher einsetzenden Erwärmung betrachten. Diese werden durch Aktivierung der komplexen Rückkopplungsprozesse innerhalb des Systems aus Hydrosphäre, Biosphäre und Atmosphäre angetrieben, die bereits diskutiert wurden (Abbildung 3.2).

Positive Rückkopplungen verstärken die Reaktion, negative Rückkopplungen dämpfen die Reaktion. Einige Rückkopplungen verlaufen schnell, innerhalb von Jahren oder weniger (Abbildung 3.2). Beispiele sind Wasserdampf- und Wolkenrückkopplungen, Schnee- und Meereisrückkopplungen und (natürliche) Aerosolrückkopplungen. Andere Rückkopplungen verlaufen langsam und wirken über viele Jahrzehnte, Jahrhunderte oder gar über Tausende von Jahren hinweg (Abbildung 3.2). Als Beispiel gehen Veränderungen der Vegetation mäßig schnell vonstatten, nämlich in einem Zeitraum von mehreren Dekaden bis hin zu einem Jahrhundert. Diese beeinflussen sowohl die Landoberflächen-Albedo (Verhältnis Reflexion zur einfallenden Strahlung) mit erheblichen Reflexionsänderungen für reinen Sand und Felsen *gegenüber* Grasland und *gegenüber* Holzgebieten als auch den Staubtransport in die Atmosphäre durch das Ausblasen von Wüstensand, einer natürlichen Aerosolkomponente. Oberflächen-Albedo-Rückkopplungen infolge von Veränderungen der Landeismasse (hier meinen wir Eis, das über das Jahr hinweg bestehen bleibt, nicht jahreszeitlich bedingtes Eis oder Schnee) haben Antwortzeiten von Jahrzehnten bis zu Jahrhunderten für Berggletscher und von bis zu Tausenden Jahren für größere kontinentale Eisschilde. Teile des Rückkopplungsprozesses des Kohlenstoffzyklus, besonders die Kohlenstoffspeicherung und -freisetzung aus mittleren und tiefen Ozeanwassermassen einschließlich der Kohlenstoffkompensation, wirken in Zeiträumen von Jahrhunderten bis zu Jahrtausenden.

Obgleich die Ozeanerwärmung also nach menschlichem Ermessen ein langsamer Prozess ist, ist sie nicht die langsamste Reaktion im Klimasystem. Jede Störung des Strahlungshaushalts setzt eine Kette von Ereignissen in Bewegung, die über viele Jahrhunderte bis Jahrtausende wirksam bleibt (*Notiz 76*). Dies rückt die globalen Erwärmungsziele für das Jahr 2100 von der COP21 (UN-Klimakonferenz in Paris 2015, engl. 21st Conference of the Parties) in ein neues Licht: Der zugelassene Strahlungsantrieb (Treibhausgasemissionen) wird ebenfalls langsame Reaktionen auslösen, und diese werden dann dazu führen, dass sich das Klima in den Jahrhunderten, die nach 2100 folgen, weiter erwärmt, bis sich schließlich das gesamte Klimasystem an die Forcing-Veränderung angeglichen hat. Das Endergebnis nach einem Jahrhundert oder zwei, wenn sich die Meeresoberfläche schließlich endgültig erwärmt hat, wird etwa das 1,5-Fache derjenigen Erwärmung betragen, die die politisch vereinbarten Ziele für 2100 „erlauben", sogar wenn keine weiteren Änderungen am Strahlungshaushalt vorgenommen werden. Wenn wir auch den langsamen Rückkopplungsprozessen gestatten, sich zu regulieren, was bedeutet, dass wir noch gut ein paar Jahrhunderte warten, dann wird die sich ergebende Temperatur etwa das doppelte der Erwärmung betragen, die die Ziele für 2100 erlauben, selbst wenn der Strahlungshaushalt nicht weiter verändert wird. Wir werden auf diese verspäteten Reaktionen im weiteren Verlauf zurückkommen, da sie ein kritischer Aspekt im Rahmen der gesamten Klimaveränderungen sind, die sich infolge irgendwelcher Störungen ergeben. Die Reaktion des Klimasystems hat keinen Stichtag im Jahr 2100, wie man in Anbetracht der politischen Diskussionen denken könnte. Stattdessen ändert es sich weiter, indem auf die schnellen Reaktionen mäßig schnelle folgen, auf diese wiederum langsame und schließlich ganz langsame Rückkopplungen (Abbildung 3.2, *Notiz 76*).

Es ist nun wichtig, die Dinge im Zusammenhang mit der resultierenden Temperaturveränderung pro W/m^2 Strahlungsantrieb zu betrachten, die auch als Klimasensitivität bekannt ist. Obgleich Klimasensitivität eine Antwort auf jeglichen Strahlungsantrieb ist, wird sie oft in Bezeichnungen von Temperatur-Reaktionen pro Forcing-Menge äquivalent zu einer Verdopplung von CO_2 gesehen. Diesbezüglich repräsentiert jede Verdopplung des CO_2-Niveaus etwa 4 W/m^2 an Forcing. Der IPCC bezeichnet Klimasensitivität (lasst sie uns im Folgenden CS nennen, von engl. Climate Sensitivity) als die Temperaturantwort auf eine Verdopplung der atmosphärischen CO_2-Konzentration infolge einer schnellen Rückkopplung, aber ich ziehe es vor, mit Werten von Grad Celsius pro W/m^2 an Strahlungsantrieb zu arbeiten, weil ich denke, dass es ein intuitiver und somit klarerer Weg ist, über Klimasensitivität zu diskutieren.

So oder so gibt es allerdings eine Schwierigkeit: Da anhand der Tatsache deutlich wird, dass Rückkopplungsprozesse in nahezu allen Zeiträumen stattfinden (Abbildung 3.2), müssen wir eine Entscheidung treffen, über welche Zeiträume wir diskutieren. Wie erwähnt, ist CS der Wert nach Wirken der schnellen Rückkopplungen, die hauptsächlich durch Wasserdampf, Wolken, Schnee und Meereis bedingt sind (*Notiz 59*). Deswegen gibt die CS im Wesentlichen die mittlere Temperaturveränderung an, die innerhalb von Jahrzehnten erreicht sein wird. Das Klimasystem wird jedoch nicht so schnell eine globale Durchschnittstemperatur erreichen, die dem Strahlungsantrieb einigermaßen oder gar völlig angemessen ist, weil die Veränderung der Ozeantemperatur viel länger dauert.

Während der Ozean noch im Vorgang der Erwärmung begriffen ist, ist er tatsächlich noch zu kalt, was wiederum dafür sorgt, dass die globalen Temperaturen niedrig bleiben. Hat sich der Ozean aber schließlich bis zu einer relevanten Tiefe aufgewärmt – für gewöhnlich betrifft dies eine Tiefe von mehreren hundert Metern –, werden auch die durchschnittlichen globalen Temperaturen steigen. Die Klimasensitivität nach diesem Ozeantemperaturausgleich, die langsamen Rückkopplungseffekte noch nicht inbegriffen (Abbildung 3.2), wird als Gleichgewichtsklimasensitivität (engl. Equilibrium Climate Sensitivity, kurz ECS) bezeichnet. Wie wir zuvor gesehen haben, ist die ECS grob 1,5-fach höher als die CS (Climate Sensitivity), denn während die CS Temperaturveränderung wiedergibt, die in Jahrzehnten erreicht sein wird, gibt die ECS die mögliche Temperaturveränderung nach einem oder zwei Jahrhunderten wieder (*Notiz 76*).

Ab und zu begegnet man in der Fachliteratur einem weiteren Ausdruck, nämlich dem der sogenannten Erdsystem-Klimasensitivität (engl. Earth

System Sensitivity, kurz ESS), die die gesamten Temperatureffekte relativ zum Strahlungsantrieb beschreibt, die sich allein aus der CO_2-Erhöhung ergeben, und für gewöhnlich Zeiträume von vielen Jahrhunderten bis Jahrtausenden betrachtet, sodass die meisten der langsamen Rückkopplungsprozesse darin ebenfalls inbegriffen sind. Wir werden an dieser Stelle nicht näher auf dieses Thema eingehen.

Die ECS wird vom IPCC auf einen wahrscheinlichen Bereich von 0,4 bis 1,2 °C für jedes W/m² Strahlungsantrieb geschätzt (*Notiz 71*). Diese Annahme beruht hauptsächlich auf Schätzungen mittels Klimamodellen sowie auf einigen zusätzlichen Informationen aus vergangenen Perioden wie dem letzten Eiszeitmaximum (etwa vor 20 000 Jahren). Im Rahmen von unabhängigen detaillierten ECS-Schätzungen auf Grundlage einer großen Bandbreite geologischer Beobachtungen wurde herausgefunden, dass diese innerhalb eines wahrscheinlichen Bereichs von 0,6 bis 1,3 °C pro W/m² während der letzten 65 Millionen Jahre durchweg übereinstimmend ausfielen (*Notizen 59, 60*). Die starke Übereinstimmung zwischen diesen unabhängigen Berechnungen birgt eine wichtige Botschaft: Der grundlegende Bereich der ECS wird von der Wissenschaft ziemlich gut verstanden. Gegenwärtige Bemühungen konzentrieren sich darauf zu versuchen, den Unsicherheitsbereich zu reduzieren. Mehrere verschiedene Methoden werden erforscht, um den Bereich der ECS-Schätzungen einzuengen, sowohl unter Verwendung von Klimamodellen (*Notizen 144, 145*) als auch unter Verwendung modellbasierter Berechnungen mit kombinierten geologischen und historischen Daten (*Notiz 99*).

Die 2°C-„Grenze“ der Erwärmung, die bei der Pariser Klimakonferenz 2015 international vereinbart wurde, kann auch aus der Perspektive der Klimasensitivität bewertet werden. Für eine korrekte Einordnung dieser 2°C-Sicherheitsschwelle, mittels derer die gefährliche Folgen globaler Erwärmung vermieden werden sollen, ist es absolut notwendig, zwischen ECS und CS zu unterscheiden. Der 2°C-Wert ist zum dominierenden Politikum geworden, obgleich er auf einer dürftigen wissenschaftlichen Grundlage beruht (*Notizen 146, 147*). Vorausgegangene Untersuchungen hatten gefolgert, dass zur Einhaltung des 2°C-Ziels ungefähr eine Verdopplung der CO_2-Konzentration gegenüber dem vorindustriellen Niveau (auf etwa 550 ppm) in Kauf genommen werden könne, aber es stellte sich bald heraus, dass stattdessen eine Stabilisierung des CO_2-Niveaus unter 400 ppm erforderlich ist (*Notiz 148*). Gegenwärtige CO_2-Niveaus sind bereits bei dieser Grenze angelangt und nehmen weiterhin um etwa 3 ppm pro Jahr zu (Abbildung 1.1).

Im Folgenden betrachten wir zuerst kurz die gesamte noch erlaubte Menge an Kohlenstoffemissionen, bevor wir anschlagend zum 2°C-Erwärmungsziel übergehen; und wir betrachten auch das stark erstrebenswertere Ziel einer Begrenzung der Erderwärmung auf 1,5°C, das in der Pariser Vereinbarung formuliert wurde. Als Nächstes betrachten wir diese Grenzen im Zusammenhang mit der CS (Climate Sensitivity) und ECS (Equilibrium Climate Sensitivity), und wir diskutieren die Bedeutung von Veränderungszeiträumen.

Der einfachste Weg, ein Gefühl für die Gesamtmenge der noch erlaubten (relativ zum Beginn von 2017) Emissionen zu gewinnen, bevor wir zur 1,5°C- beziehungsweise 2°C-Erwärmung gegenüber den vorindustriellen Temperaturen übergehen, besteht darin, sich die einfache Beziehung – mit gut ausgedrückten Unsicherheitsbereichen – in Abbildung 5.2 zu vergegenwärtigen. Dieser Graph zeigt die Ergebnisse aus nur einer Studie, aber andere Studien, die sehr unterschiedliche Näherungen verwenden, gelangen zu ähnlichen Resultaten. Es wird deutlich, dass der 1,5°C-Wert erreicht sein wird, nachdem weitere 195 bis 205 GtC emittiert worden sind, und der 2°C-Wert, nachdem 395 bis 455 GtC emittiert worden sind. Wir wissen aus Abbildung 1.2, dass die aktuellen Emissionen etwa 10 GtC pro Jahr betragen, sodass die 1,5°C- und 2.0°C-Erwärmungsgrenzen innerhalb von nur zwei beziehungsweise vier Jahrzehnten erreicht sein werden (*Notiz 99*). Dies ist eine viel kürzere Zeitspanne als gemäß dem Pariser Klimaankommen „erlaubt". Deshalb müssen wir Lösungen finden, um unsere Emissionen zu reduzieren und sogar Kohlenstoff aus dem Klimasystem zu entfernen. Aber bevor wir weiter in jene Themen einsteigen können, müssen wir ein bisschen eingehender über das Setzen spezifischer Erwärmungsgrenzen für das Jahr 2100 nachdenken. Was bedeuten aktuell solche Ziele?

Wie wir gesehen haben, genügt es nicht, sich auf 2100 zu konzentrieren, als ob alle Klimaänderungsprozesse zu diesem Zeitpunkt einfach stoppen würden, weil man dann insbesondere den langsamen Vorgang der Meereserwärmung übersieht. Wenn die 2,0°C-Grenze nur auf das Jahr 2100 bezogen wird (im Wesentlichen die CS-Antwort) – wie häufig der Fall ist, wenn die Ziele auf der politischen Bühne diskutiert werden –, dann führen die langsam vonstattengehenden Änderungen hin zu einem neuen Gleichgewicht (die ECS-Antwort) lediglich dazu, dass die Erderwärmung auf lange Zeit 3 bis 4 °C erreichen wird, sogar wenn absolut kein weiterer Strahlungsantrieb hinzukommt (*Notizen 2, 76*). Infolgedessen wäre die korrekte Interpretation einer „2°C-Sicherheitsschwelle für globale Erwärmung" eine, die diese als Grenze für die gesamte (Langzeit-)Antwort betrachtet. Daraus folgt dann, dass der wahre akzeptable Wert für 2100 nur 1 bis 1,3 °C beträgt (*Notiz 2*). In Anbetracht der Tatsache, dass wir bereits eine Erwärmung um 1 °C erreicht haben (Abbildung 1.1), ist dies ein extrem drängendes Problem: Wir haben viel weniger Handlungsspielraum, als wir gedacht haben.

Es ist aufschlussreich, diese Argumente in den Zusammenhang mit unserer letzten Erwärmungsperiode zu setzen – dem Holozän. Diese Periode begann vor etwa 11 500 Jahren und folgte somit dem Ende der letzten Eiszeit. In einigen Arbeiten wird gefolgert, dass etwa 0,25 °C Erwärmung seit der vorindustriellen Zeit uns in die wärmste Phase seit dem Holozän führten (*Notiz 2*). Dies ist bestätigt, solange Mittelwerte betrachtet werden, aber wenn wir auch Unsicherheiten einbeziehen, dann wird deutlich, dass heutige Temperaturen gerade erst damit beginnen, die vergangenen Temperaturspitzen signifikant zu übertreffen (*Notiz 149*). Dies bedeutet, dass die Industriezeitalter-Erwärmung um etwa 1 °C den Planeten nun zu einem Punkt gebracht hat, an dem endgültig feststeht, dass es wärmer wird als zuvor während des Holozäns. Jedoch repräsentiert diese 1°C-Erwärmung gegenüber der vorindustriellen Zeit vorwiegend nur die CS und kann nicht als der Endpunkt genommen werden. Sie wird im nächsten Jahrhundert weiter zunehmen auf 1,5 °C oder mehr, selbst ohne ein Mehr an Strahlungsantrieb, während die Ozeantemperaturen durch ihre langsame Anpassung ihre ECS-Antwort vervollständigen. Und sie wird sogar noch weiter wachsen, auf ungefähr 2 °C, während die langsamen Rückkopplungen über nachfolgende Jahrhunderte wirken.

Es ist klar, dass wir uns nicht mit dem Hinweis, den ich manchmal höre, die moderne Erderwärmung sei der Temperaturspitze im Holozän nicht unähnlich, auf unseren Lorbeeren ausruhen können. Die Spitze im Holozän kam zustande, da die Sonneneinstrahlung ein bisschen höher war als heute, und entwickelte sich allmählich über Tausende von Jahren hinweg. Im Gegensatz dazu wird die heutige Erwärmung von einer ziemlich großen Abweichung in der Energiebalance der Erde verursacht, die aus einem Anstieg von Treibhausgasen resultiert, der schneller vonstattengeht als jemals zuvor. Tatsächlich verlief dieser Anstieg so schnell, dass die Klimareaktion darauf völlig außer Gleichgewicht ist und ihren Rückstand aufzuholen versucht so schnell sie kann. Aus der obigen Diskussion über CS versus ECS wissen wir nun, dass dieses „Aufholen" bedeutet, dass die Erwärmung nicht stoppen wird, sogar wenn der Strahlungsantrieb vom Klima stoppt. Was diese Sache noch schlimmer macht: Es erscheint als höchst unwahrscheinlich, dass sich der Strahlungsantrieb in naher Zukunft von alleine stabilisieren wird. Stattdessen wird er weiter zuzunehmen, ähnlich wie auch die Emissionen weiterlaufen. Auf diese Weise wird die reale Erwärmung schließlich sogar die oben genannten ECS-Schätzungen übersteigen. Folglich ist die obige Aussage über einen möglichen Vergleich mit der Holozän-Temperaturspitze ein Irrtum. Um eine Gesamterwärmung von über 2 °C zu vermeiden, ist es fast durchweg unverzichtbar, dem CO_2 eine feste Grenze mit einem absoluten Maximum von 400 ppm zu verpassen.

Und dann wird das Argument sogar noch schwieriger: Einige Forscher (einschließlich ich) halten eine 2°C-Grenze bereits für zu großzügig und sind der Ansicht, dass das 2°C-Ziel auf lange Sicht gefährliche Folgen haben wird (*Notizen 2, 150*). Sogar ein Ziel von 1,5 °C könnte zu großzügig sein. Eine breite Reihe von geologischen Daten über vergangene natürliche Klimaveränderungen weist darauf hin, dass wir die Erwärmung besser auf 1 °C (*Notiz 2*) beschränken sollten, was CO_2-Niveaus von höchstens 350 ppm einschließt – das sind mehr als 50 ppm weniger als heute. Dies ist keine isolierte und auch keine extreme Einschätzung, sie ist nur leicht pessimistischer als andere Berechnungen (*Notizen 148, 150*). Für ein 2°C-Ziel muss das meiste der verbliebenen fossilen Brennstoffe unberührt bleiben (*Notiz 151*). Für ein 1°C-Ziel gilt dasselbe und zusätzlich ist eine CO_2-Reduzierung erforderlich (*Notiz 2*).

Allerdings muss noch ein weiterer Aspekt in Augenschein genommen werden. Bis jetzt haben wir die Erwärmungsreaktionen infolge des Strahlungsantriebs nur in einem global gemittelten Sinn betrachtet. Aber in Wirklichkeit wäre kaum irgendein Ort auf der Erde von einem global gemittelten Wert betroffen, höchstens aus reinem Zufall. Stattdessen wird die Klimaantwort an jeglichem spezifischen Ort von regionalen Einflüssen dominiert werden. Infolgedessen fällt sie an einigen Orten stärker als der Durchschnitt und an anderen Orten schwächer als der Durchschnitt aus. Gewissermaßen ist dies das Gleiche, wie kaum jemand genau so groß ist wie die mittlere Größe einer Gruppe (außer durch Zufall); die meisten Leute in einer Gruppe sind entweder kleiner oder größer als der Durchschnitt. Regionale Kontraste existieren, da verschiedene Klimaverstärkungs- und Rückkopplungsprozesse über die Welt verteilt unterschiedliche Einflüsse haben, zum Beispiel bestehen Unterschiede zwischen hohen und niedrigen Breiten, zwischen Land- und Ozeanoberflächen oder zwischen Gebirgen und tiefliegenden Regionen.

Ein entscheidender Einfluss, der dafür verantwortlich ist, dass sich regionale Klimareaktionen vom Durchschnitt unterscheiden, ist die sogenannte polare Verstärkung. Diese bezieht sich auf eine viel stärkere als die durchschnittliche Temperaturempfindlichkeit gegenüber Änderungen im globalen Strahlungsantrieb an den Polen als in tieferen Breitengraden. Dies wird von Änderungen der Oberflächen-Albedo (Reflektivität) dominiert, die aus der Expansion oder Schrumpfung der Schnee- und Eisbedeckung in diesen Breiten resultieren. Bei abkühlenden Klimata vergrößert sich die Schnee- und Eisbedeckung, wodurch die hohen Breiten ISWR stärker reflektieren, was wiederum eine erhöhte regionale Abkühlung bewirkt. Umgekehrt schrumpft die Schnee- und Eisbedeckung in sich erwärmenden Klimata; dies reduziert die Reflektivität in hohen Breiten, was wiederum mehr regionale Erwärmung verursacht.

In Zeiträumen von Jahrhunderten erhöht die polare Verstärkung die Temperaturempfindlichkeit in hohen Breiten um etwa 50 bis 150 Prozent gegenüber der globalen Durchschnittstemperatur-Empfindlichkeit (Box 5.2). Mit anderen Worten ist beim gegebenen Strahlungsantrieb für die Temperatur an den Polen zu erwarten, dass diese sich 1,5- bis 2,5-mal schneller verändert als der globale Durchschnitt, den wir aus der Klimasensitivität erhalten. Wenn sich solche großen Regionen stärker als der Durchschnitt verändern, dann müssen sich andere Regionen schwächer verändern als der globale Durchschnitt. Die Regionen, die eine niedrigere Temperaturempfindlichkeit aufweisen als der Durchschnitt, sind niedrige Breiten (genauer zwischen etwa 30 Grad nördlicher und südlicher Breite, *Notiz 51*). In jenen Regionen werden Temperaturveränderungen stärker abgeschwächt als im globalen Durchschnitt, den wir aus der Klimasensitivität erhalten.

Box 5.2

Beachte, dass die allgemein berichteten Werte der polaren Verstärkung entweder jene für das laufende Jahrhundert oder jene für ein oder zwei Jahrhunderte in der Zukunft sind. Somit ist der Verstärkungsfaktor für CS oder ECS bedeutsam. Diese Werte schließen nicht die Auswirkungen der Veränderungen an den kontinentalen Eisschilden ein, da diese Teil der langsamen Rückkopplungen sind (über Tausende von Jahren), die nicht innerhalb von CS oder ECS gezählt werden. Stattdessen werden die langsamen Rückkopplungen getrennt als Beitrag berücksichtigt und machen die polare Verstärkung sogar stärker, wenn die ganz langen Zeiträume der Erdsystem-Klimasensitivität (engl. Earth System Sensitivity, kurz ESS) betrachtet werden. In der Praxis bedeutet das, wenn wir die polare Verstärkung anhand von geologischen Aufzeichnungen abschätzen, müssen wir Korrekturen bezüglich der Landeiseffekte vornehmen, um zu Schätzungen zu gelangen, die für Zeiträume von CS und ECS von Bedeutung sind (*Notizen 59, 60*).

5.3 VERÄNDERUNG DES MEERESSPIEGELS

Globale Veränderungen des Meeresspiegels in historischen Zeiträumen bis hin zur Eiszeit gehen maßgeblich auf Veränderungen der Ozeantemperatur und auf die Überführung von Wasser in die Ozeane zurück, das vorher als Eis an Land gebunden war. In längeren Zeiträumen von vielen Millionen von Jahren fluktuierte die Volumenkapazität der Ozeanbecken infolge von Änderungen in den Ausbreitungsraten der Ozeane (*Notiz 52*), aber diese Vorgänge gehen so langsam vonstatten, dass sie hier nicht betrachtet werden.

Die Temperatur ist wichtig, da Meerwasser expandiert, wenn es sich erwärmt, und dabei einen Anstieg des Meeresspiegels verursacht; die Masse an Meerwasser bleibt dieselbe, aber sie nimmt mehr Platz in Anspruch, da sie expandiert. Dieser Einfluss addiert sich auf zwischen 0,2 und 0,6 Meter pro °C bei einer Ozeanerwärmung von der Wasseroberfläche bis zum Meeresgrund und vollzieht sich unmittelbar mit der Meereserwärmung (*Notiz 71*).

Die Eisschildreduktion überführt zusätzliche Masse (Eis und Wasser) vom Land in die Weltmeere. Über Eiszeitzyklen hinweg resultierte die vollständige Antwort dieses Einflusses in grob 20 bis 25 Meter pro 1 °C globaler Erwärmung (vergleiche Meeresspiegelveränderung mit globaler Temperaturveränderung in Abbildung 2.1). Diese Komponente des Meeresspiegelanstiegs ist abhängig vom Rückgang kontinentaler Eisschilde, die über viele Jahrhunderte bis Jahrtausende stattfinden.

Vor diesem Hintergrund wird klar, dass die unmittelbare Meeresspiegelantwort seit der Industriellen Revolution von der schnellen thermischen Expansionskomponente zusammen mit zusätzlichem schnellen Schmelzwassereintrag von Berggletschern dominiert wurde. Aber selbst auf lange Sicht wird der Einfluss dieser Komponenten wegen der begrenzten Erwärmung der Ozeane und der begrenzten Größe der Berggletscher auf weniger als einen Meter begrenzt bleiben. Zum Vergleich: Die Langzeitantwort in Bezug zum Masseverlust der großen kontinentalen Eisschilde kam nur langsam in Schwung, da es erhebliche Zeit benötigt, die Geschwindigkeit der Eisschildprozesse zu verändern (ähnlich wie zu versuchen, einen schwer beladenen Frachtzug in Bewegung zu setzen). Sind sie jedoch erst einmal in Bewegung, haben die Eisschildprozesse große Wucht. Auf diese Weise führen sie mit der Zeit zu einem Anstieg des Meeresspiegels von mehreren Metern über dem gegenwärtigen Niveau, sogar wenn der Strahlungsantrieb wieder reduziert würde, ähnlich wie ein schwerer Frachtzug in voller Fahrt eine lange Zeit zum Stoppen braucht, sogar wenn die Bremsen betätigt sind. Es ist wichtig, diese Langzeitfolgewirkungen im Detail zu betrachten.

Während sich polare Gebiete aufgrund der zuvor diskutierten globalen durchschnittlichen Erwärmung in Verbindung mit der polaren Verstärkung aufwärmen, sind die großen kontinentalen Eisschilde in hohen Breiten zunehmend vom Klimawandel betroffen. Diese Eisschilde sind heute in Grönland und in der West- und Ostantarktis zu finden. Wenn sie vollständig schmelzen würden, dann würden Grönland und die Westantarktis den Weltmeeren genug Wasser hinzufügen, um einen Meeresspiegelanstieg um grob sieben Meter beziehungsweise fünf Meter zu verursachen. Der Ostantarktische Eisschild ist viel größer und hat das Potential, den Meeresspiegel um grob 53 Meter zu erhöhen.

Jeder, der sich Aufnahmen von Gletschern im Zeitraffer angeschaut hat, weiß, dass Eis nicht starr ist. Stattdessen fließt es, wenn auch sehr langsam. Sogar in großen kontinentalen Eisschilden erkennen wir sogenannte Eisströme, wo Eis schneller fließt, in etwa wie ein (sehr) langsamer Fluss. Die Nettobewegung von Eisströmen verläuft hinunter zur Küste und dann in den Küstenbereich zum Ozean hinaus. Wenn sich das Eis im Wasser befindet, dann liegen etwa 90 Prozent des Eises unter der Wasseroberfläche und etwa 10 Prozent darüber. Wenn also ein Eisstrom mit einer Dicke von 300 Metern den Ozean erreicht, dann wird er auf dem Ozeangrund aufsitzen, solange dieser weniger als 270 Meter tief ist – wir bezeichnen dies als auf Grund liegendes Eis (engl. Grounded Ice). Wenn der Meeresgrund tiefer ist als etwa 90 Prozent der Eisdicke, dann schwimmt das Eis im Ozean und wir sprechen von einem schwimmenden Eisschelf. Eisschelfe von verschiedenen Eisströmen können sich zu einem größeren Eisschelf verbinden. Der Punkt, wo der Eisschelf von auf Grund liegend zu schwimmend übergeht, wird als Aufsetzlinie oder Grundberührungslinie (engl. Grounding Line) bezeichnet (Abbildung 5.3).

Eisschelfe werden als kritische Schwachpunkte in Bezug auf das Verhalten von Eisschilden betrachtet. Insbesondere sind sie sehr wichtig für den Vorgang, der bestimmt, wie schnell Eisströme Eis zum Ozean transportieren können, da auf Grund liegende Eisschelfe viel Reibung verursachen und sich so ihren beliefernden Eisströmen entgegenstemmen – in einfachen Worten: sie bremsen die beliefernden Eisströme. Die sich am kritischsten darstellende Situation ist die Empfindlichkeit der Aufsetzlinie gegenüber dem Schmelzen von Eis von unten, was wiederum maßgeblich von der Ozeantemperatur beeinflusst wird. Wenn sich polare Ozeane aufwärmen, intensiviert sich das Schmelzen des unteren Eises und die Aufsetzlinie zieht sich landwärts zurück (*Notizen 152, 153, 154*). Dies führt zu einer Schwächung und einem möglichen Aufbrechen des Eisschelfs. Wenn ein Eisschelf bricht, beschleunigt sich die Geschwindigkeit des beliefernden Eisstroms, weil die Bremsen gelöst worden sind, und dies vergrößert die Menge an Eis, die sich vom kontinentalen Eisschild in den Ozean bewegt. Dies wiederum verursacht einen Anstieg des Meeresspiegels.

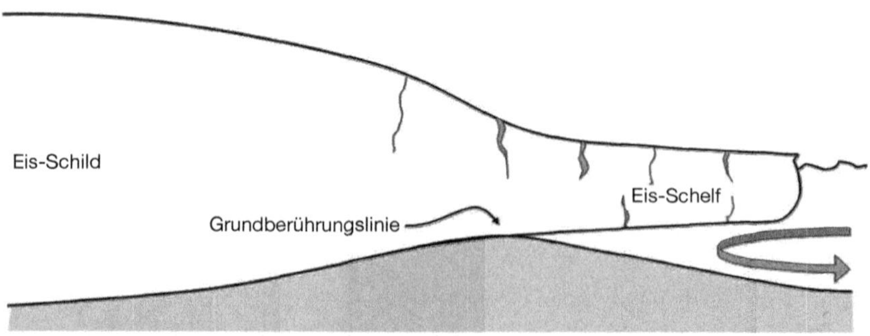

Abbildung 5.3. Schema eines Eisschelfs.
Auch sind die Aufsetzlinie und die Ozeanzirkulation unter dem Eis veranschaulicht (was das Schmelzen des unteren Eises beschleunigt).

Wenn der Eisschild den Kontakt mit dem Ozean erst einmal vollständig verloren hat, ist davon auszugehen, dass sich die Vorgänge des Massetransports von Land zur See verlangsamen wird, da der warme Ozean nicht mehr länger das Eis direkt schwächen kann, sodass das Eis vom viel langsameren landbasierten Schmelzen betroffen ist. Lufttemperaturzunahmen rund um die Eisränder führen ebenfalls zu verstärktem Eismasseverlust, vor allem in Kombination mit höheren Ozeantemperaturen (*Notiz 153*). Zudem wird zunehmend auf Prozesse wie das hydraulische Aufbrechen (Brechen infolge von gefrierendem und sich deshalb ausdehnendem H_2O) der Oberfläche und Eisklippenabbrüche an der Eisfront geschaut, um Vorgänge mit den höchsten Geschwindigkeiten an Eismasseverlusten zu erklären (*Notizen 155, 156*).

An diesem Punkt wird offensichtlich, dass einige der verwundbarsten Eisschilde jene mit großen Abschnitten sind, die auf dem Meeresgrund aufsitzen. Der Westantarktische Eisschild (oft abgekürzt mit WAIS) sitzt nahezu vollständig auf dem Meeresgrund auf. Was die Sache noch schwerwiegender macht, ist die Tatsache, dass sich der südliche Ozean während der letzten paar Jahrzehnte in einer alarmierenden Geschwindigkeit erwärmt hat (*Notiz 157*). Die Erwärmung hat dazu geführt, dass große Eisschelfe rund um der WAIS eine wesentliche Verdünnung erleiden, und einen Rückzug der Aufsetzlinie verursacht; viele Eisschelfe haben sich abgespaltet (*Notiz 157*). Dies ist der Grund, warum die wissenschaftliche Gemeinschaft in Bezug auf zukünftige Meeresspiegelveränderung am meisten über der WAIS besorgt ist. Wie zuvor erwähnt, hält der WAIS genug Wasser für einen Meeresspiegelanstieg um etwa fünf Meter bereit, und das meiste davon steht in der Gefahr, schnell abzubrechen.

Der Grönland-Eisschild (GrIS) hat ebenfalls mehrere wichtige Bereiche, die möglicherweise von Eisschelfabbau und Eisstrombeschleunigungen betroffen sind, jedoch könnten die unterschiedlich geneigten Oberflächen des flachen Meeresgrunds (im Verhältnis zu denen um den WAIS herum) diese Einflüsse begrenzen (*Notiz 158*). Auf dieser Grundlage könnte der GrIS eventuell für einen Anstieg des Meeresspiegels um einen Meter sorgen. Danach ist eine Verlangsamung zu erwarten, das der Prozess nur noch von einem langsamen landbasierten Schmelzen und Kalben beeinflusst wird. Allerdings ist in Grönland noch ein weiterer Prozess am Werk, der den Eisschild gegenüber Klimaerwärmung viel verwundbarer macht als zuvor gedacht und der eine Wechselwirkung von Schmelzwasser mit den schwachen Sedimenten beinhaltet, die am Grund der Eisschilde entdeckt wurden (*Notiz 159*). So könnte der GrIS möglicherweise für einen stärkeren Anstieg des Meeresspiegels sorgen, als wir oben geschätzt haben.

Der Ostantarktische Eisschild (EAIS) ist sehr dick und größtenteils sehr stabil. In einigen Bereichen hat er jedoch Eisschelfe, die auf dem Meeresgrund aufliegen und sich größeren Eisströmen entgegenstemmen, die beträchtliche Teile des EAIS abtragen. Der größte dieser Bereiche enthält genug Eis für einen Meeresspiegelanstieg um 19 Meter und es gibt gleichfalls andere Bereiche (*Notiz 160*). Diese sind die verwundbareren Bereiche des EAIS, wo sich ein schneller Verlust ereignen könnte, wenn sich das Meerwasser erwärmt (*Notiz 161*). Die Eismassen in diesen Bereichen könnten gemeinsam zu einem Meeresspiegelanstieg um mehr als 20 Meter führen.

Wenn wir alle oben diskutierten relativ „schnellen" Eisschildbeiträge addieren, ergibt sich ein Anstieg um etwa fünf Meter infolge des WAIS, um einen Meter oder mehr infolge des GrIS und um zwanzig Meter oder mehr infolge des EAIS. Dies bedeutet grob einen 25-Meter-Anstieg des Meeresspiegels durch schnelle Prozesse. Diese Größenordnung ist den meisten Forschern bekannt, die sich mit vergangenen Klimata befassen, da sie innerhalb des geschätzten Bereichs für den Betrag liegt, um den der Meeresspiegel während des warmen Pliozäns den heutigen übertraf und speziell während des Intervalls von vor 3 bis 3,5 Millionen Jahren, der am kürzesten zurückliegenden Periode, während der die CO_2-Konzentrationen nahe am modernen Niveau von 400 ppm lagen (*Notizen 42, 75, 105, 106*). Es ist auch der angenäherte Wert, bis zu dem die heutige (relativ schnelle) Meeresspiegelsensitivität gegenüber zu CO_2-Veränderung Anwendung findet und über dem die Meeresspiegelsensitivität gegenüber CO_2 reduziert ist, weil dann die langsamen Eisprozesse stärker ins Gewicht fallen (*Notiz 105*).

Studien über das Pliozän zeigen uns im Rahmen ihrer längerfristigen geologischen Betrachtungen zwei Dinge. Erstens ist zu erwarten, dass der Meeresspiegel in einem Klima mit aufrechterhaltenen CO_2-Niveaus bei 400 ppm oder mehr um mehrere Meter steigt. Bezogen auf einen Zeitraum von mehreren Jahrhunderten oder Jahrtausenden besteht wenig Zweifel, dass sich dies ereignen wird. Zweitens zeigt die Pliozän-Forschung, dass unser gegenwärtiger Klimazustand ohne Zweifel direkt in den Bereich der relativ schnellen Meeresspiegelantworten fällt und dass es so bleiben wird, bis der Meeresspiegel mindestens um 9 Meter und gemäß den meisten Rekonstruktionen sogar um zwischen 12 und 32 Meter im Vergleich zum gegenwärtigen Niveau angestiegen ist (*Notizen 42, 105*).

Aber wie schnell ist schnell? Dies ist eine wichtige Frage, da Prozesse, die in einem geologischen Zusammenhang schnell sind, in menschlichen Zeitbegriffen oft noch schrecklich langsam sind. Deswegen müssen wir klären, ob wir erwarten können, dass sich all die schnellen Meeresspiegelreaktionen, sagen wir, in einem Jahrhundert ereignen oder ob der Eisfluss so langsam erfolgt, dass sogar ein sogenanntes schnelles Zusammenbrechen in menschlichen Zeitbegriffen immer noch langsam wäre. In anderen Worten: Was wissen wir über die zeitlichen Größenordnungen bezüglich der Veränderungen des Meeresspiegels?

Computerbasierte numerische Modelle auf Grundlage neuster Erkenntnisse über Eisphysik werden wesentlich sein, um detaillierte Vorhersagen für die Zukunft zu machen. Jedoch ist es hier nicht Gegenstand, genaue Vorhersagen zu treffen, sondern wir wollen ein erstes realistisches Gefühl von der Größenordnung und der Geschwindigkeit möglicher Meeresspiegelreaktionen auf die Erwärmung gewinnen. Ein guter erster Schritt besteht darin, auf vergangene natürliche (vorindustrielle) Perioden von Erwärmung und Meeresspiegelanstieg zu schauen, um anhand dessen die natürlichen Zeiträume und Ausmaße eines Meeresspiegelanstiegs infolge von Erwärmung abzuschätzen.

Die Nutzung geologischer Beobachtungen bedeutet, dass wir einen Bereich von Schätzungen aus Beispielen der realen Welt darüber erhalten, wie schnell sich Dinge unter völligem natürlichen Strahlungsantrieb ändern können. Da die Natur für uns diese Beispiele in der Vergangenheit so anschaulich vorgeführt hat, können wir keine Zweifel daran haben, dass sie über die Mechanismen verfügt, ähnliche Änderungen auch in der Zukunft zu bewirken. Wie wir jedoch zuvor gesehen haben, ist der gegenwärtige (anthropogene) Strahlungsantrieb außergewöhnlich hoch. Wir können Vergleiche zwischen unserem Schätzungsbereich des Meeresspiegelanstiegs aus der natürlichen Vergangenheit und heutigen Beobachtungen nutzen, um zu sehen, ob die gemessenen modernen Meeresspiegelveränderungen außergewöhnlich schnell verlaufen. In anderen Worten: Wir können sehen, ob unser geologisches Wissen über natürliche Veränderungen auch auf die Zukunft anwendbar ist oder ob wir unerforschtes Territorium betreten haben, wo vergangene Präzedenzfälle keine Gültigkeit besitzen.

Die Verwendung geologischer Daten unterliegt einigen Einschränkungen. Eine ist, dass geologische Daten über eine Meeresspiegelveränderung nicht zwischen verschiedenen Ursachen für diese Veränderungen unterscheiden können; thermische Expansion und Massenaddition werden in einer Zahl zusammengefasst. Dies ist kein großes Problem, da thermische Expansion gegenüber Massenaddition relativ vernachlässigbar ist, wenn große Meeresspiegelveränderungen über mehr als ein paar Jahrzehnte bis zu Jahrhunderten oder Jahrtausenden betrachtet werden. Eine andere Beschränkung ist, dass geologische Daten mit großen Unsicherheiten einhergehen. Seriöse Schätzungen dieser Unsicherheiten erlauben uns jedoch, Konfidenzintervalle zu den Antworten zu formulieren. Wo wir sogenannte Wahrscheinlichkeitsintervalle angeben (gewöhnlich mit ±-Werten bezeichnet), beziehen wir uns auf 68-Prozent-Grenzen um die zentralen Schätzungen. Diese Grenzen zeigen den Bereich an, innerhalb dessen der aktuelle Wert einer Schätzung mit Unsicherheit innerhalb von 68 Prozent Vertrauen fallen wird.

Geologische Daten über die vergangenen 500 000 Jahre zeigen, dass maximale natürliche Raten des Meeresspiegelanstiegs von der Eismenge abhängig waren, die auf dem Planeten vor dem Anstieg existierte (siehe Bemerkung x in Abbildung 2.1). Es ist ziemlich logisch: Je mehr Eis es gibt, desto mehr davon kann an den Ozean verloren gehen. Um vergangene Daten mit gegenwärtigen Meeresspiegeltrends zu vergleichen, müssen wir uns deswegen auf vergangene Ereignisse konzentrieren, die in Zeiten stattfanden, als es nahezu die gleiche Menge an Eis gab wie heute (sodass auch der damalige Meeresspiegel ungefähr auf dem heutigen Niveau lag). Wenn wir dies tun, wird erkennbar, dass die maximalen natürlichen Geschwindigkeiten des Meeresspiegelanstiegs bei etwa 1 ± 0,5 Meter pro Jahrhundert liegen und dass die Dauer des Aufbaus eines solchen Ereignisses, von seinem Beginn bis zu seiner höchsten Anstiegsrate, auf etwa zwei bis sieben Jahrhunderte geschätzt werden kann (siehe Bemerkung x in Abbildung 2.1 und *Notiz 43*). Wenn man sie in eine leicht anwendbare mathematische Beziehung setzt, können solche Werte grob veranschaulichen, was wir vom Meeresspiegelanstieg im Industriezeitalter erwarten können, sofern er immer noch vollständig von den natürlichen Vorgängen gelenkt wird, die auch die natürlichen Meeresspiegelanstiege (vor dem Menschen) lenkten (*Notiz 162*).

Solche Arbeiten lassen vermuten, dass der gemessene Meeresspiegelanstieg während des Industriezeitalters (*Notizen 163, 164*) mäßig war, aber immer noch schnell genug, um der oberen Grenze des 68-Prozent-Konfidenzbereichs des natürlichen Anstiegs zu folgen. In anderen Worten: Die gegenwärtige Geschwindigkeit des Meeresspiegelanstiegs ist nicht völlig ohne Vorbild in geologischen Zeiten, aber sie entwickelt sich mit Sicherheit entlang eines Pfades, der im Verhältnis zu natürlichen Veränderungen bereits superschnell ist. Wie immer ist alles relativ und davon abhängig, wie wir darauf schauen: Uns Menschen erscheint es, als würde der Meeresspiegel nur langsam steigen, da Eisschilde langsam auf Veränderung reagieren, und wir haben – bis jetzt – nur die frühen Stufen dieser Eisschildreaktion erfahren. Der „Frachtzug des Masseverlusts der kontinentalen Eisschilde“ ist während des letzten Jahrhunderts sehr langsam in Bewegung gekommen. Aber nun, da er sich bewegt, wird er stetig an Schwung gewinnen. Die letzten Jahre haben uns dahingehend klare Warnungen gegeben, etwa in Form größerer Eisschelfabbrüche, Eisstrombeschleunigungen und einer Intensivierung des Netto-Masseverlusts der Eisschilde (*Notizen 152, 153, 154, 165*). Zusätzlich haben Beobachtungen eine starke Erwärmung der polaren Ozeane offenbart, ein wahrscheinlicher Auslöser für einen großen Teil der Eisschildreaktionen.

Wenn wir die oberen 68 Prozent der Konfidenzgrenze von natürlichen Meeresspiegelanstiegen nutzen – welchen die laufenden Meeresspiegelbeobachtungen zu folgen scheinen – und in die Zukunft projizieren, dann erwartet uns für das Jahr 2100 ein globaler durchschnittlicher Meeresspiegelanstieg um etwa einen Meter gegenüber dem vorindustriellen Niveau (Notiz 162) (das 30 Zentimeter niedriger war als heute); diese Schätzung wurde bereits durch ausführlichere statistische Analysen gestützt (*Notiz 166*). Die erwarteten Niveaus wachsen dann auf knapp +3 Meter für 2200 und +5 Meter für 2300 an (*Notiz 162*), und einige Eismodellierungsstudien legen nahe, dass im Jahr 2500 ein Niveau von +15 Metern erreicht sein könnte (*Notiz 156*). Sogar wenn der Strahlungsantrieb vollständig gestoppt würde, sodass wir die CO_2-Niveaus bei etwa den heutigen Werten, also nahe bei 400 ppm, stabilisieren würden, gäbe es keinen Grund anzunehmen, dass der Frachtzug, der schließlich in Bewegung gekommen ist, in absehbarer Zeit wieder stoppen würde. Wie zuvor diskutiert, geben geologische Daten zu verstehen, dass sich die langsamen Klimarückkopplungen, welche die Eisschildregulierungen einschließen, über mehrere Jahrhunderte fortsetzend anpassen werden, bis schließlich eine neue Erdenergiebalance erreicht ist, wenn wir die CO_2-Niveuas bei 400 ppm halten. Zu dieser Zeit werden die Bedingungen auf der Erde jenen des warmen Pliozäns sehr ähnlich sein, als die CO_2-Niveaus ebenfalls in etwa 400 ppm betrugen. Dies schließt eine um 2 bis 3 °C höhere globale Temperatur als heute ein und einen Meeresspiegel, der mehrere Meter über dem heutigen Niveau liegt. Die Pliozän-Daten legen nahe, dass ein kontinuierlicher Anstieg um sogar mehr als zwanzig Meter die Folge sein könnte, der etwa ein Jahrtausend erfordern wird.

Wenn wir den Frachtzug des kontinentalen Eisschelfmasseverlusts bremsen wollen, dann reicht eine Stabilisierung des CO_2-Niveaus bei 400 ppm ohne Zweifel nicht aus. Dies würde dem Frachtzug erlauben weiterzufahren, bis mit der Zeit ein neues, pliozänähnliches Gleichgewicht erreicht wäre. Um dies zu verhindern, würden wir eine Reduzierung der CO_2-Niveaus auf wahrscheinlich 350 ppm oder weniger benötigen (*Notiz 2*). Wenn wir dies zeitig genug umsetzen, dann könnten wir wirklich eine Chance haben, die Eisverlustprozesse zu verlangsamen, bevor sie zu viel

Schwung aufnehmen. Wenn wir es nicht tun, dann sind alle Wetten abgeschlossen. In diesem Fall ist alles, was wir tun können, den Meeresspiegelanstieg weiterhin zu verfolgen und unsere Beobachtungen dafür zu nutzen, künftige Prognosen bezüglich des möglichen Endpunkts dieser Entwicklung zu verbessern, sodass wir jene Prognosen nutzen können, um Pläne für Küstenanpassungen und sonstige Maßnahmen zur Minderung von Flutkatastrophen zu entwickeln.

Unglücklicherweise ist es unwahrscheinlich, dass die Emissionen von heute an gestoppt werden. Infolgedessen werden auch die CO_2-Niveaus nicht nahe 400 ppm stoppen. Im Gegenteil, die CO_2-Niveaus sind im Begriff, schneller als jemals zuvor anzusteigen, sodass der Strahlungsantrieb weiterhin zunehmen wird. Wenn zukünftige Meeresspiegelbeobachtungen Anstiegsraten zeigen würden, die sich jenseits der geologischen Confidence-Envelope-Werte bewegten (also hin zu geologisch bislang nicht vorgekommenen Raten), dann würde das eine Verschiebung des Systems in unbekanntes (weil noch nicht geologisch dokumentiertes) Terrain bedeuten. Solche unvorhergesehenen, hohe Anstiegsraten könnten zum Beispiel von einem WAIS-Zusammenbruch herrühren. Und wie wir gesehen haben, werden jetzt einige Teile der Ostantarktis als verwundbarer betrachtet als zuvor gedacht. Dies ist der Grund, warum in Eisschildmodellierungen gegenwärtig großer Wert auf eine Verbesserung der Aufsetzlinienphysik und anderer Prozesse im Zusammenhang mit dem Aufbrechen von Eisschelfen gelegt wird, um möglichen Eisschildzusammenbrüche besser zu verstehen (*Notiz 156*).

5.4 ALLGEMEINE REAKTIONEN AUF DIE GEOLOGISCHE PERSPEKTIVE

Viele Menschen, mit denen ich über den Meeresspiegelanstieg gesprochen habe, zeigen eine der beiden folgenden Reaktionen.

Die erste Reaktion ist, dass die gegebenen Zahlen zum Meeresspiegelanstieg unglaublich groß klingen. Diese Reaktion ist unter dem Gesichtspunkt der persönlichen Erfahrung einer jeden Person verständlich.

Schließlich umfassen die beteiligten komplexen Prozesse hohe Größenordnungen und lange Zeiträume, sodass sie abstrakt und fremd auf Menschen wirken, die es nicht gewohnt sind, bezüglich Veränderung in planetarischem Maßstab zu denken. Hier ist es wichtig, daran zu erinnern, dass die Zahlen nicht erfunden sind: Sie gehen aus sorgfältig gesammelten und überprüften geologischen Hinweisen hervor und halten sogar stand, wenn Unsicherheiten im Spiel sind. Diese Grundlage an Hinweisen macht Folgendes deutlich:

1. Das Pliozän gibt uns nützliche Informationen über einen Klimazustand, der vollständig dem Strahlungsantrieb von CO_2 bei 400 ppm angepasst ist.
2. Die Geschwindigkeit des heutigen Meeresspiegelanstiegs liegt (gerade) noch innerhalb des Bereichs, der in geologischen Daten beobachtet werden kann. Daher müssen wir (bisher) keine Vorgänge betrachten, die nicht an den geologisch beobachtbaren Veränderungen beteiligt waren.
3. Die Geschwindigkeit des heutigen Meeresspiegelanstiegs liegt nahe an den höchsten Werten, die in geologischen Daten zu beobachten sind. Meine persönliche Meinung ist, dass die heutige schnelle Zunahme im Strahlungsantrieb die Geschwindigkeit der Reaktion optimiert haben könnte und dass schnellere Reaktionen Vorgänge erfordern, die bislang noch nicht vorgekommenen sind, wie etwa einen Zusammenbruch des WAIS. Andere Forscher stimmen damit jedoch nicht überein und argumentieren stattdessen, dass die Geschwindigkeit der Reaktion infolge der zunehmenden Erwärmung weiterhin ansteigen wird.
4. Der täuschend langsame und geringe Meeresspiegelanstieg der vergangene 150 Jahre ist kein Beweis für ein Verständnisdefizit. Im Gegenteil, er bestätigt unser Verständnis davon, dass die Entwicklung des Masseverlusts von Eisschilden eine lange Zeit erfordert und dass sich der Eisschildbeitrag zum Meeresspiegelanstieg – nachdem er einmal begonnen hat – für viele Jahrhunderte als dominanter Einflussfaktor fortsetzen wird (das Frachtzug-Argument).

Die zweite Reaktion ist die, dass bei einem Jahrhundert oder mehr die diskutierten Zeiträume alle so lang sind, dass sie für den Entscheidungsfindungsprozess hinsichtlich unserer Zukunft kaum relevant zu sein scheinen. Unser Gefühl sagt uns, dass *innerhalb solcher Zeiträume mit Sicherheit technische Lösungen gefunden werden*. Als ein Niederländer, der aus einer Nation stammt, welche die Auseinandersetzung mit dem Meer gewissermaßen in ihren Genen trägt, liebe ich es, damit übereinzustimmen, aber nur im Prinzip und mit zwei Mahnungen zur Vorsicht.

Die erste Mahnung besteht darin, dass ich nicht damit übereinstimme, dass Zeiträume von Jahrhunderten bedeutungslos sind. Stattdessen definieren sie die Langzeitveränderungen, die im Hintergrund stattfinden und zu denen außerdem noch kurzfristigere Probleme hinzukommen, wie etwa Sturmfluten und Gezeiteneffekte. Die länger andauernden Effekte scheinen für die Entscheidungsfindung unbedeutsam zu sein angesichts der Laufzeiten möglicher Entwicklungsprojekten, aber vielleicht ist die Projektlaufzeit nicht der beste Maßstab. Es gilt zu beachten, dass Projekte (Gebäude oder andere Konstruktionen) in Städten in einigen Jahrzehnten nahezu vollständig erneuert sein könnten, aber dass sich diese erneuerten Städte noch immer an demselben Ort befinden werden wie die ursprünglichen Ansiedlungen. Die ursprünglichen Siedlungen mit ihren jeweiligen landwirtschaftlichen und infrastrukturellen Gegebenheiten datieren im Falle vieler europäischer und asiatischer Städte viele Jahrhunderte oder Jahrtausende zurück und im Falle neuerer Entwicklungen in Afrika, den beiden Amerikas und Australien immerhin noch mehrere Jahrhunderte. Ihre geografische Lage wurde auf der Grundlage strategischer Bedeutung und Zugänglichkeit ausgewählt und langfristige Meeresspiegelanstiege wurden nicht in Erwägung gezogen. Statt uns um Projektlaufzeiten zu sorgen, sollten wir Langzeitverpflichtungen in den Blick nehmen. Und für die Mehrzahl der Städte, Häfen, Industrien und größeren Küstenschutzbauten sowie der umgebenden Infrastrukturen und Traditionen betreffen solche Verpflichtungen einen Zeitraum von (mehreren) Jahrhunderten. Es ist zweifelsohne erforderlich, mehrere Jahrhunderte in die Zukunft zu schauen.

Die zweite Mahnung ist, dass sich die moderne Menschheit selbst durch größere Infrastruktur und starr gezogenen Grenzen örtlich fixiert hat. Als ein Ergebnis daraus kann regionaler Druck schnell größere finanzielle, politische und sogar militärische Folgen nach sich ziehen. Zum Beispiel kann es notwendig werden, eine Stadt weiter ins Inland zu verlagern, wenn sie nicht mehr länger mit den personellen und finanziellen Risiken zurechtkommt, die sich aus veränderten Bedingungen ergeben (Box 5.3, *Notiz 167*). Wie schnell könnte eine Umsiedlung durchgeführt werden, von der Entscheidungsphase über die Planung und tatsächliche Umsetzung bis hin zur Verlagerung von Ressourcen? Als ein anderes Beispiel könnten einigen Nationen schlichtweg ihr Lebensraum und/oder ihre Ressourcen ausgehen, woraus Wellen von „Klimaflüchtlingen" resultieren, die entweder aus eigenem Antrieb vor ungünstigen Bedingungen oder vor einem Konflikt fliehen, der durch Ressourcenknappheit ausgelöst wurde. Wir können logistische, finanzielle und – am wichtigsten – humanitäre Probleme solcher Größenordnung nicht der Politik überlassen, die ihnen mittels reflexartiger Reaktionen innerhalb einer Wahlperiode von nur wenigen Jahren zu begegnen versucht. Stattdessen wird ein Prozess des Denkens, Planens und Handelns erforderlich sein, der informativ eine längerfristige Perspektive einnimmt. Für diesen Vorgang ist es besonders wichtig zu verstehen, dass es *keine Möglichkeit geben wird*, den Meeresspiegelanstieg innerhalb der nächsten wenigen Jahrhunderte zu stoppen oder umzukehren, wenn wir ihm erst einmal erlaubt haben, in Fahrt zu kommen.

Lasst uns abschließend kurz eine andere Aussage betrachten, die ich manchmal höre, nämlich dass sich unsere menschlichen Vorfahren im Pliozän entwickelt haben und dass deshalb Klimabedingungen, die denen im Pliozän ähneln, „für uns nicht schlecht sein können". Dieses Argument ist einfach nicht anwendbar auf das angesprochene Problem. Während des Pliozäns entwickelte sich eine kleine Zahl von an die Natur angepassten Hominiden (Vorfahren des später entwickelten Menschen) innerhalb einer langen Zeitspanne und in sehr spezifischen Lebensräumen mit sich relativ langsam verändernden Bedingungen. Heute sorgen wir uns um die mögliche Aussicht für Millionen von Menschen auf der ganzen Welt, die eng an eine örtlich fixierte Infrastruktur gebunden sind, in einem System, das durch Klimaveränderungen geprägt wird, die sich außergewöhnlich schnell entfalten. Es ist ein Nichtargument.

Box 5.3

Sogar bei nur 0,5 Meter Meeresspiegelanstieg (gegenwärtig erwartet um das Jahr 2070) werden die Bevölkerungen der 20 globalen Hafenstädte mit dem größten Bevölkerungswachstum 4- bis 13-mal häufiger Flutereignissen ausgesetzt sein (alle befinden sich in Entwicklungsgebieten: Asien und Afrika); in einigen Städten sogar 21-mal häufiger. Zusätzlich werden 17 der 20 Spitzenstädte (alle in Asien und Afrika) mangels Schutzes ihrer Aktivposten gegenüber extremen Meeresspiegelereignissen eine Gefährdung dieser Aktivposten um das 21- bis 120-Fache erleben (*Notiz 167*).

5.5 ZUSAMMENFASSUNG UND AUSBLICK

In diesem Kapitel haben wir Veränderungen seit Beginn der Industriellen Revolution betrachtet. Wir sahen, dass die atmosphärischen CO_2-Konzentrationen auf mehr als 400 ppm angestiegen sind und dass die mittlere Oberflächentemperatur gleichermaßen schnell um etwa 1 °C oder leicht mehr gestiegen ist. Wir diskutierten dann, dass diese beobachtete Erwärmung die bereits „realisierte" Komponente einer Reaktion auf die Veränderung des Forcings (Strahlungsantrieb, der auf die Klimaentwicklung einwirkt) darstellt und für 1,1 bis 1,3 W/m^2 an zusätzlichem Strahlungsantrieb verantwortlich ist. Wir stellten weiterhin fest, dass der viel langsamere Prozess der Ozeanerwärmung „Fangen" spielt und dass die der Wärmezuwachs in den Meeren grob 0,5 W/m^2 beträgt. Somit ist die Gesamtsumme gut vergleichbar mit unterschiedlichen auf Klimaprozesse bezogenen Auswertungen der Strahlungsveränderung durch das Industrielle Zeitalter. Dies impliziert, dass wir ein gutes Verständnis darüber haben, was passiert und warum. Wir sahen auch, warum wir davon ausgehen, dass diese Veränderungen durch menschliches Handeln verursacht sind.

Als nächstes diskutierten wir die Hauptauswirkungen der Erwärmung, sowohl an Land als auch im Meer und sowohl in der Zukunft als auch bereits heute. Diesen Ausführungen folgte eine Diskussion über die Folgewirkungen bezüglich tropischer Stürme und Hurrikans, die zu einer erheblichen Zunahme des Überflutungspotentials in Küstengebieten führen. Dann starteten wir in eine gewissermaßen technische, aber wesentliche Diskussion darüber, wie Klimarückkopplungsprozesse die Erwärmungsreaktion auf die beobachteten Strahlungsveränderungen über verschiedene Zeiträume beeinflussen werden. Hier wurde ein kritischer Punkt sichtbar: Der Klimawandel wird nicht im Jahr 2100 stoppen, selbst dann nicht, wenn wir alle Emissionen stoppen würden. Die langsamen Rückkopplungen werden sich weiterhin an den veränderten Strahlungsantrieb und an Klimareaktionen, die sich bereits ereignet haben, anpassen und auch nach 2100 weitere Erwärmung verursachen. Infolgedessen wird die gesamte Temperaturantwort noch über Jahrhunderte hinweg und möglicherweise gar länger anwachsen. Dies hat Auswirkungen auf die Erwärmungsziele der COP21 (UN-Klimakonferenz in Paris 2015) von 1,5 oder 2 °C für 2100, die, wie wir feststellten, zu großzügig sind, um gefährliche Folgen zu vermeiden.

Schließlich betrachteten wir Auswirkungen hinsichtlich der Meeresspiegelveränderung. Wir sahen, dass bei den laufenden Emissionen im Jahr 2100 ein Meeresspiegelanstieg um etwa einen Meter gegenüber dem vorindustriellen Niveau erwartet werden kann (das bedeutet einen Anstieg von 0,7 Meter über dem gegenwärtigen Niveau) und dass vernünftigerweise ein weiterer Anstieg um drei Meter gegen 2200 und um fünf Meter gegen 2300 erwartet werden kann, wobei einige neuere Studien sogar höhere Werte berichten. Dieser hohe Meeresspiegelanstieg steht in Beziehung zu den relativ langsamen Dynamiken der großen kontinentalen Eisschilde. Sind sie erst einmal aktiviert, können diese Dynamiken nicht gestoppt werden. Wir argumentierten daher, dass die CO_2-Niveaus dringend auf etwa 350 ppm reduziert werden müssen, um eine Aktivierung der Eisschilddynamiken in einem stärkeren Maße, als wir bereits haben, zu verhindern.

Somit wird deutlich, dass wir ein Problem haben, ein großes Problem: Die zukunftsorientierte, verantwortungsbewusste Antwort bestünde darin, schnell unsere Emissionen zu reduzieren und uns dafür bereit zu machen, den Kohlenstoff wieder aus dem Ozean-Atmosphäre-System zu entfernen. Aber wie sollte ein solcher vorwärtsgerichteter Weg ausschauen? Wäre es hinreichend, sich darauf zu verlassen, dass sich Mutter Natur ihre Schürze umspannt und den Müll unserer exzessiven Party beseitigt? Oder sollten wir Verantwortung übernehmen und wenigstens beim Saubermachen helfen? Im nächsten Kapitel werden entsprechende Möglichkeiten betrachtet.

[6]
MUTTER NATUR ZUR RETTUNG?

Jetzt kommen wir zur Schlüsselaussage. Viele Diskussionen über Klimawandel drehen sich um die wohlbekannte Tatsache, dass sich in der geologischen Vergangenheit (sehr) hohe CO_2-Fluktationen ereignet haben. Dies wird benutzt, um darauf zu verweisen, „dass wir nicht besorgt sein sollten: die Natur hat dies alles schon früher durchlebt und wird unsere externen Kohlenstoffemissionen schon irgendwie bereinigen."

Ob dieses Gefühl dem Anspruch gerecht wird, wahr zu sein, kann überprüft werden, indem man die maßgeblichen natürlichen Mechanismen betrachtet, die dafür zuständig sind, dem Atmosphäre-Ozean-System Kohlenstoff zu entziehen; dies sind Verwitterung, Wiederaufforstung und Kohlenstoffablagerung in Böden und Sedimenten. Im nächsten Abschnitt betrachten wir zunächst die Potentiale dieser Prozesse und diskutieren danach die Möglichkeiten menschlicher Einflussnahme sowie mögliche zielführende Wege.

6.1 VERWITTERUNG, WIEDERAUFFORSTUNG UND KOHLENSTOFFABLAGERUNG

Ein erster Mechanismus, dessen sich die Natur in vergangenen Zeiträumen mit hohen CO_2-Werten bedient hat, ist die chemische Verwitterung von Felsen (*Notiz 52, 168*). In wärmeren und feuchteren Klimata sind chemische Verwitterungsraten höher und dies entzieht der Atmosphäre CO_2. Jedoch ist die CO_2-Minderung durch Verwitterung unter natürlichen

Geschwindigkeiten ein äußerst langsamer Prozess, der über Hunderttausende oder gar Millionen Jahre operiert. Mit genügend Zeit besteht kein Zweifel daran, dass die natürliche Verwitterung imstande ist, den Überschuss an CO_2 schließlich zu beseitigen, aber dieser Vorgang verläuft so langsam, dass er mit Blick auf unsere Zukunft keinen Trost bietet, außer wir sind dazu bereit, viele Hunderttausende Jahre zu warten. Zwar könnten wir künftig dazu in der Lage sein, den Verwitterungsvorgang künstlich zu verstärken, um von Menschen eingetragenen Kohlenstoff zu beseitigen (*Notiz 169*), aber entsprechende Ansätze befinden sich noch im Anfangsstadium – wir wollen dies in den Abschnitten 6.2 und 6.3 näher betrachten.

Ein zweiter Mechanismus für das Entziehen von Kohlenstoff aus dem Atmosphäre-Ozean-System betrifft die Expansion der Biosphäre, vor allem durch Aufforstung. Wir haben dies zuvor hinsichtlich Expansion und Kontraktion der Biosphäre während der Eiszeitzyklen diskutiert. In der heutigen Situation erfordert eine Extraktion von Kohlenstoff durch Expansion der Biosphäre als Erstes, dass der Trend Abholzung umgekehrt wird, der im Industriellen Zeitalter begann. Dies mag interessanterweise tatsächlich um das Jahr 2003 geschehen sein. Zwischen 2003 und 2014 nahm die globale Vegetation um etwa 4 GtC zu (d. h. mit einer durchschnittlichen Rate von etwa 0,4 GtC pro Jahr), und zwar dank einer glücklichen Kombination aus verstärkten Regenfällen in den Savannen von Australien, Afrika und Südamerika, einem Nachwachsen von Wäldern auf verlassenem Ackerland in Russland und früheren sowjetischen Republiken und massiven Baumpflanzungsprojekten in China (*Notiz 170*). Für ein effektives Wiederaufforstungsszenario werden wir sicherstellen müssen, dass dieser neue Trend sich fortsetzt und dass wir ihn beträchtlich beschleunigen.

Wir können die Zahlen bezüglich des Gesamtpotentials von Wiederaufforstung besser verstehen, wenn wir ein Extremszenario in den Blick nehmen, bei dem über einen Zeitraum von 50 Jahren 100 GtC durch Wiederaufforstung extrahiert werden (*Notizen 2,72*). Realistischerweise werden dafür neues Wachstum und Kohlenstoffspeicherung in neu etablierten oder neu belebten Böden erforderlich sein. Eine recht neue Arbeit kommt zu dem Schluss, dass das gesamte Potential der Kohlenstoffspeicherung durch diese Mechanismen sogar bis zu viermal größer sein könnte als die zuvor erwähnten 100 GtC (*Notiz 171*); das zeigt, dass die veranschlagten 100 GtC nicht unrealistisch sind. Völlige Wiederaufforstung und Bepflanzung mit Bäumen ist wegen des hohen landwirtschaftlichen Bedarfs des Menschen unmöglich. Unsere Einschätzung von 100 GtC Entzug in fünfzig Jahren schließt eine jährliche Entzugsrate von 2 GtC/y ein. Ein Vergleich mit dem laufenden jährlichen Ausstoß von etwa 10 GtC macht sofort deutlich, dass sogar solche drakonischen Wiederaufforstungsbemühungen nur in Verbindung mit sofortiger Emissionsreduzierung effektiv wären. Ohne eine Emissionsreduzierung würde unser extremes Wiederaufforstungsszenario die Nettoemissionen nur um 20 Prozent senken. Obgleich dies ein sehr nützlicher Beitrag wäre, wird hier schmerzlich offenbar, dass wir das CO_2-Problem nicht einfach dadurch lösen können, dass wir Bäume pflanzen.

Ein dritter potenzieller Mechanismus betrifft das Gegenteil der Nutzung fossiler Energieträger, nämlich Kohlenstoffablagerung unter der Erde. Letztendlich trägt dies zu einer möglichen zukünftigen Erzeugung fossiler Brennstoffe bei, da sich fossile Brennstoffe durch Ablagerung von Kohlenstoff in Sedimenten bilden. Sauerstoffarme bis anoxische (das bedeutet, dass überhaupt kein Sauerstoff verfügbar ist) aquatische Umgebungen sind dabei besonders effektiv; Schlüsselbeispiele hierfür sind Sümpfe sowie anoxische Meeres- oder Seenbereiche. Die Ablagerung von Pflanzenmaterial in Sümpfen führt typischerweise zu einem Potential von Kohlebildung (manchmal mit Gas). Die Ablagerung von Algenmaterial in anoxischen Seen oder Meeresbecken führt zu einer möglichen Öl- und Gasbildung.

Für eine Ablagerung von Bäumen in Sümpfen ist es erforderlich, in großem Stil Bäume anzupflanzen, diese schließlich zu fällen und dann in Feuchtgebieten einzulagern, während an ihrer Stelle andere Bäume wachsen. In Anbetracht der Lebensspanne von Bäumen ist dies ein langsamer Prozess, der – als ein erster Schritt – eine Neuaufforstung erfordern wird, die wir bereits oben in Betracht gezogen haben; wir sollten sie nicht doppelt in Betracht ziehen. Allerdings war die Menschheit in der Vergangenheit äußerst erfolgreich darin, Sümpfe und Feuchtgebiete zu kultivieren oder zurückzugewinnen (durch Entwässerung); somit erscheint eine Kohlenstoffablagerung in Sümpfen und Feuchtgebieten in großem Maßstab für die nahe Zukunft nicht wahrscheinlich. Lasst uns stattdessen den alternativen Prozess der Ablagerung von Algenmaterial in anoxischen Seen oder Meeresbecken betrachten, um zu sehen, was der Kohlenstoffabbau durch solch einen Prozess angesichts der heutigen CO_2-Emissionen bewirken kann; zu diesem Zweck stellen wir in groben Zügen ihre relativen Einflüsse gegenüber.

Einige der am besten dokumentierten Ereignisse der Kohlenstoffablagerung während der späteren geologischen Geschichte betreffen die Bildung von Schichten, die reich an organischem Material sind und als „Sapropele" (*Glossar*) im östlichen Mittelmeer (das gesamte Becken östlich von Sizilien) bekannt sind. Jeder Sapropel-Zeitraum dauerte etwa vier- bis zehntausend Jahre und traten während der letzten 15 Millionen Jahre mit großer Regelmäßigkeit auf. Das „Metronom", das ihre zeitliche Regelmäßigkeit bestimmt, ist das orbitale Klima-Forcing. Nahezu alle 22 000 Jahre wurde der afrikanische Monsun durch Klimaveränderungen verstärkt, die von den orbitalen Präzessionszyklen angetrieben wurden (*Notiz 172*). Während dieser Zeiten wurde die Zirkulation des Beckens durch den monsunbedingtem Ablauf von Süßwasser aus dem Nil und anderen (nun trockenen) Flüssen gehemmt, was zu einer Entwässerung Nordafrikas führte. Die gehemmte Zirkulation verursachte eine starke Reduzierung der Sauerstoffversorgung der Tiefsee, sodass das Becken mit der Zeit anoxisch wurde, was die Ablagerung des organischen Materials von Algen begünstigte, das von der Oberfläche hinabsank (*Notizen 173, 174*). Die Ablagerung organischen Materials führte zur Bildung von organisch reichem, schwarzem Sedimentgestein, das in Sedimentkernen, die durch Bohrungen dem Meeresboden entnommen wurden, sofort offensichtlich ist: die Sapropele.

Die jüngste Schicht hiervon ist als Sapropel S1 bekannt. S1 bildete sich überall im östlichen Mittelmeer unterhalb einer Wassertiefe von grob 1000 Metern vor etwa zehn- bis sechstausend Jahren. Es enthält bis zu 2 Prozent organischen Kohlenstoff. Andere Sapropele brauchten länger und waren reicher, etwa S5, dessen Entstehung vor 128 000 Jahren begann und 7000 Jahre dauerte und das durchschnittlich bis zu 8 Prozent organischen Kohlenstoff enthält. Unlängst wurden ältere Sapropele gefunden, die erheblich zur Bildung von natürlichem Gas beigetragen haben, das kommerziell gefördert wird. Mit anderen Worten funktionieren die Sapropele wie sogenanntes Quellgestein (engl. Source Rocks; Lagerstätten fossiler Energieträger).

Wie lassen sich also unsere auf fossile Brennstoffe zurückgehenden Emissionen mit dem CO_2-Abbau im Zuge der Bildung von Quellgestein vergleichen? Oder anderes formuliert: Wenn die Natur auf den Klimawandel reagieren würde, indem sie ein großes Ozeangebiet wie das Mittelmeer anoxisch machte (sodass auf der Stelle nahezu alles sterben würde, was in der Tiefe lebt), könnte das dann vielleicht auf irgendeine Weise zur Reduzierung der CO_2-Niveaus beitragen?

Um dies herauszufinden, benötigen wir die Rate, mit der Kohlenstoff abgelagert wurde, als sich Sapropele bildeten. Für S1 wurde dies sorgfältig bestimmt, die Rate beträgt 65 Milligramm pro Quadratzentimeter in 1000 Jahren (*Notiz 175*). Das östliche Mittelmeer hat eine Oberfläche von 1,65 Millionen Quadratkilometern und für Bereiche mit einer Tiefe von mehr als 1000 Metern beträgt die Oberfläche 0,85 Millionen Quadratkilometer (8500 Billionen Quadratzentimeter; *Notiz 176*). Auf diese Weise häufte sich die Ablagerung auf etwa 0,55 GtC pro tausend Jahre für S1 an (beachte: 1000 Milligramm in einem Gramm, 1000 Gramm in einem Kilogramm, 1000 Kilogramm in einer Tonne, eine Milliarde Tonnen in einer Gigatonne [Gt]). Für das viermal reichere Sapropel kann der gesamte Kohlenstoffentzug auf $4 \times 0{,}55 = 2{,}2$ Gt *pro tausend Jahre* geschätzt werden. Zum Vergleich, heutige Kohlenstoffemissionen betragen nahezu 10 GtC pro Jahr. In anderen Worten: Der gesamte Kohlenstoff, der im Falle des organisch reichen S5 in über 1000 Jahren aus der Atmosphäre entfernt wurde, entspricht den modernen Kohlenstoffemissionen von nur 80 Tagen. Es ist wichtig, sich einen Augenblick Zeit zu nehmen, um dies sacken zu lassen, da es das gewaltige Ausmaß unserer Kohlenstoffemissionen in die richtige Perspektive rückt: *Wir emittieren in 80 Tagen die gleiche Menge Kohlenstoff, wie die Natur in einem beträchtlich großen Meeresbecken über einen Zeitraum von 1000 Jahren ablagerte.*

Die obige Kalkulation betraf nur für das östliche Mittelmeergebiet, ein Becken mit wohlbekannten und relativ jungen Kohlenstoffablagerungen in der Tiefe. Aber obgleich das östliche Mittelmeer zu groß sein mag, um hinüberzuschwimmen, ist es winzig im Vergleich mit dem weiten Ozean. Lasst uns die Kalkulation zum Mittelmeergebiet hypothetisch mit dem gesamten Weltmeer ins Verhältnis setzen und anschauen, um wie viel das Ergebnis der Größenordnung moderner Kohlenstoffemissionen näherkommt.

Die Weltozeanoberfläche beträgt etwa 361 Millionen Quadratkilometer. Etwa 88 Prozent der Weltmeere sind tiefer als 1000 Meter (*Notiz 177*): 318 Millionen Quadratkilometer. Das ist 374-mal größer als das Gebiet, in dem das östliche Mittelmeer tiefer als 1000 Meter ist. Wenn wir die S5-Schätzung auf den globalen Wert hochrechnen und annehmen, dass alle Bereiche des Weltmeers, die tiefer sind als 1000 Meter, zu anoxischen Regionen mit Kohlenstoffablagerungen werden, dann ergibt sich eine hypothetische maximale globale Meeresablagerung von 374 × 2,2 = 823 GtC über 1000 Jahre beziehungsweise 0,82 GtC pro Jahr. Dabei ist zu beachten, dass sich ozeanweite Anoxie in der Erdgeschichte tatsächlich nur selten ereignet hat, und so weit, wie wir es bestimmen können, haben solche Bedingungen kaum jemals eine weltweite Größenordnung erreicht (*Notiz 52*). Deswegen ergibt sich aus unserem Szenario eine starke Überschätzung der möglichen Wirkung von Kohlenstoffablagerung in Sedimenten.

Wir stellen also fest, wenn das gesamte Weltmeer durch einen Wechsel in einen (unrealistischen) anoxischen Tiefseemodus mit intensiver Kohlenstoffablagerung auf den Klimawandel reagieren würde, dann könnte die Kohlenstoffentfernung aus der Atmosphäre mit diesem gewaltigen hypothetischen Prozess nur etwa 8 Prozent der jährlichen atmosphärischen Kohlenstoffzunahme infolge der vom Menschen verursachten Emissionen beseitigen. Sogar wenn uns der Ozean mittels Kohlenstoffablagerung sein Äußerstes an Hilfe gäbe, wäre es daher nicht annähernd genug. In der Zwischenzeit würde dieser Prozess jedoch eine Auslöschung von nahezu allem Leben unterhalb von 1000 Metern in den Weltmeeren bewirken; keine sehr wünschenswerte Aussicht.

Alles, was wir bis zu diesem Punkt diskutiert haben, hat die Grenzen dessen aufgezeigt, was die Natur leisten kann. Wir haben gesehen, dass der gegenwärtige CO_2-Anstieg durch die Emissionen des Industriezeitalters etwa 100-mal schneller verläuft als die schnellsten dokumentierten natürlichen Anstiege in den letzten Millionen Jahren und möglicherweise 10- bis 30-mal schneller als die dramatischsten CIE (Carbon Isotope Excursion). Damit kann bereits teilweise erklärt werden, warum unser hypothetisches Extremszenario zur natürlichen CO_2-Entfernung immer noch zehnmal zu langsam ist. Vereinfacht gesagt haben wir herausgefunden, dass natürliche Prozesse der Kohlenstofffreisetzung und des Kohlenstoffentzugs typischerweise in Geschwindigkeiten ablaufen, die nur wenige Prozent der Geschwindigkeit menschlicher Kohlenstofffreisetzung erreichen.

Wir haben auch gesehen, dass ein möglicher vom Menschen unterstützter natürlicher Prozess, nämlich Wiederaufforstung, eine vielversprechende Möglichkeit zum Kohlenstoffabbau ist. Wenn er optimal umgesetzt wird, könnte er möglicherweise 20 Prozent der laufenden Emissionsrate für rund 50 Jahre ausgleichen. Unglücklicherweise gibt es eine realistische Grenze von etwa 100 GtC hinsichtlich des gesamten Entzugs, der durch Wiederaufforstung möglich ist, ohne die Erfordernisse für globale Nahrungssicherheit zu reduzieren. Zur Einordnung: Diese realistische Gesamtabbaumenge würde gemäß den laufenden Emissionen in etwa einem Jahrzehnt aufgehoben werden. Von daher besitzt Wiederaufforstung zwar ein großes Potential, dieses ist aber bei Weitem noch zu klein, um das Problem zu lösen.

Unsere Diskussion über Verwitterung betonte, dass diese ein höchst langsamer Prozess ist, und es ist schwer abzuschätzen, was seine durchschnittliche jährliche Auswirkung sein mag. In jedem Fall ist es klar, dass sogar die kombinierte Summe der drei natürlichen Kohlenstoffextraktionsprozesse nur mit Mühe in der Lage wäre, 30 Prozent der laufenden Kohlenstoffemissionsrate abzudecken. Diese einfache Abschätzung unter Verwendung gesicherter Zahlen zeigt klar, dass es überhaupt keinen Anlass gibt zu denken, dass natürliche Prozesse irgendwie dazu fähig sein könnten, unsere Industriezeitalter-Emissionen zu beseitigen.

In der gesamten aufgezeichneten geologischen Geschichte hat keine Kohlenstoffextraktion stattgefunden, welche die dafür notwendige Geschwindigkeit auch nur annähernd erreicht hätte; der erforderliche Mechanismus existiert schlichtweg nicht. Wenn wir bedenken, dass die Natur von sich aus nicht einmal die jährliche CO_2-Zunahme durch unsere Emissionen stoppen kann, dann besteht definitiv keine Chance, dass sie eine Reduktion der atmosphärischen CO_2-Niveaus im für die Gesellschaft erforderlichen Ausmaß innerhalb von ein bis zwei Jahrhunderten erreichen könnte (Box 6.1).

6.2 ERFORDERNIS MENSCHLICHER INTERVENTION

Keine der Berechnungen, die hier angestellt werden, stellen mehr als grobe Wahrscheinlichkeitsschätzungen dar. Aber die allgemeinen Auswirkungen werden daraus offensichtlich. Und sie ändern sich auch nicht, wenn raffiniertere Berechnungen angestellt werden (*Notiz 2, 72*). Die besondere damit verknüpfte Schlussfolgerung ist, dass unsere Emissionen dringend drastisch reduziert werden müssen.

Die zentrale Frage lautet: *Wie stark sollte die Emissionsreduzierung sein, um atmosphärische CO_2-Niveaus zu stabilisieren (also ihren Anstieg zu stoppen)?* Wir haben gesehen, dass nichts in der Natur mehr als etwa ein Drittel der jährlichen Emissionsrate beseitigen kann. Darüber hinaus ist eine Anoxie der Weltmeere nicht gerade wünschenswert, weil es die Auslöschung von nahezu allem bedeutet, was unterhalb von etwa 1000 Metern Tiefe lebt. Wir tun also gut daran, uns darauf nicht als Teil der Lösung zu verlassen. Wenn wir die globale Ozeananoxie beiseitelassen, bleibt uns nur noch großflächige Wiederaufforstung als ein praktikabler (vom Menschen unterstützter) natürlicher Kohlenstoffextraktionsprozess für einen Zeitraum von etwa fünf Jahrzehnten. Wenn die Wiederaufforstung optimiert wäre, dann würde eine CO_2-Stabilisierung auf den gegenwärtigen Niveaus dringend, vorzugsweise sofort, eine Emissionsreduktion auf grob 2 GtC pro Jahr erfordern (das wären nur 20 Prozent der gegenwärtigen Rate).

Box 6.1

Aus unserer Diskussion sollte nicht die Schlussfolgerung gezogen werden, dass der natürliche Prozess überhaupt kein CO_2 beseitigen kann. Im Gegenteil, der kurzfristige Einfluss natürlicher Prozesse mag zu gering sein, um in Größenordnungen von Jahrhunderten zu helfen, aber da es sich um langanhaltende Prozesse handelt, wird es ihnen schließlich gelingen, CO_2 zu reduzieren, wenn sie genug Zeit zur Verfügung haben (Tausende bis Hunderttausende von Jahren). Dies wird hauptsächlich durch chemische Verwitterung an Land und Carbonatabbau im Ozean geschehen. Auf diese Weise wird schließlich die Natur unseren Schlamassel bereinigen, jedoch in Zeiträumen, die weit jenseits jeder gesellschaftlichen Relevanz liegen. Für den am besten dokumentierten „Rülpser" von externem Kohlenstoff in das Hydrosphäre-Biosphäre-Atmosphäre-System (das Paläozän/Eozän-Temperaturmaximum, kurz PETM) dauerte die Reinigung etwa 200.000 Jahre.

Wenn die Wiederaufforstung nach ungefähr fünf Dekaden abgeschlossen ist, dann wird die Biosphäre kein wirklich großes Potential mehr für langzeitige Netto-Kohlenstoffextraktion bieten, außer wir riskieren, die globale Ernährungssicherheit zu gefährden. Zu dieser Zeit müssen wir trotz Bevölkerungswachstums dafür gerüstet sein, unsere gesamte Gesellschaft mit Netto-Null-Emissionen am Laufen zu halten. Alle verbliebenen Emissionen aus der Zementherstellung oder dem Gebrauch von fossilem Kohlenstoff müssen von dieser Zeit an künstlich aus der Atmosphäre entfernt werden oder daran gehindert werden, überhaupt erst in die Atmosphäre einzutreten, um Netto-Null-Emissionen zu erreichen.

Ein weiteres Durchdenken dieser Sache offenbart nun, dass eine bloße Reduzierung der Emissionen nicht ausreicht, da Nullemissionen nicht hinreichend sein werden, um die globale Erwärmung deutlich unter dem 2°C-Ziel der Pariser Verträge zu halten. Dies lenkt die Aufmerksamkeit auf politische Änderungen, die es erleichtern, zu einer höheren Kapazität für eine

CO_2-Extraktion aus dem Atmosphäre-Ozean-System zu gelangen (*Notiz 178*), mit Blick auf ein Langzeitziel von CO_2-Niveaus um 350 ppm.

Um atmosphärische CO_2-Niveaus zum Abfallen zu bringen, wird es wesentlich sein, in großem Umfang Kohlenstoff einzufangen und zu beseitigen (vom Menschen kontrolliert). Diese Bemühungen wären *zusätzlich zu allen* zuvor diskutierten Maßnahmen erforderlich – das gesamte globale Wiederaufforstungspotential eingeschlossen –, um Netto-Null-Emissionen zu erreichen (die nur dafür ausreichen würden, die CO_2-Niveaus konstant zu halten).

Die geologische Sicht, die wir durch dieses Buch entwickelt haben, hat gezeigt, dass es einen ozeanischen Stachel im Schwanz gibt, was die Reduzierung atmosphärischer CO_2-Niveaus anbelangt. Der Ozean hat in einem Prozess des Ausgleichs zwischen atmosphärischen und ozeanischen Niveaus nahezu die Hälfte unserer Emissionen aufgenommen. Infolgedessen ist die atmosphärische CO_2-Zunahme seit vorindustriellen Zeiten nur halb so groß, wie sie gewesen wäre, wenn kein Ausgleich zwischen Ozean und Atmosphäre stattgefunden hätte. Unglücklicherweise ist dies ein zweischneidiges Schwert – wenn wir die atmosphärischen CO_2-Niveaus reduzieren, dann bedeutet Ausgleich, dass sich die Niveaus in den Ozeanen ebenfalls reduzieren. Dies wird mittels einer Rückkehr von CO_2 in die Atmosphäre erreicht. Das Verhältnis zwischen Atmosphäre und Ozean von grob 1 zu 1 (*Notiz 2*) oder 1,5 zu 1,0 (*Notiz 71*) findet auch für den umgekehrten Prozess Anwendung. Demnach wird unser Ziel einer Reduzierung von atmosphärischem CO_2 um 50 ppm (von etwa 400 auf 350 ppm) ein Einfangen und Beseitigen von 1,7 bis 2,0-mal mehr Kohlenstoff erfordern, als wir allein auf Basis der atmosphärischen Menge denken würden. Wenn 1 ppm CO_2 etwa 2,12 GtC entspricht, dann bedeutet somit eine Reduzierung um 50 ppm, dass 180 bis 212 GtC Kohlenstoff eingefangen und beseitigt werden müssen – lasst uns der Einfachheit halber mit 195 GtC rechnen. Das ist doppelt so viel, wie durch eine vollständige globale Wiederaufforstung potenziell erreicht werden könnte. Dabei gilt es zu bedenken, dass unsere Kalkulation bereits das Wiederaufforstungspotential zur Stabilisierung der CO_2-Niveaus einschließt (zusammen mit 80 Prozent Emissionsreduzierung); also können wir es nicht erneut nutzen. Deswegen ist die hier erwähnte Beseitigung von 195 GtC für das Erreichen einer CO_2-Reduzierung *zusätzlich* zur Wiederaufforstung und zu einer Emissionsverringerung um 80 Prozent erforderlich. Dies ist eine gewaltige technologische und ökologische Herausforderung.

Wir können versuchen, die Größenordnung dieser Herausforderung besser zu verstehen, indem wir einer der vielversprechenden Lösungen zum großangelegten CO_2-Abbau besondere Aufmerksamkeit widmen. Es ist der Prozess künstlicher Verwitterung von magnesiumreichen Mineralien (besonders Olivine). In einem theoretischen Best-Case-Szenario wird ein Kilogramm Olivine benötigt, um ein Kilogramm CO_2 zu beseitigen (*Notiz 179*). Da die Atommasse von Kohlenstoff 12 beträgt und sich die kombinierten Atommassen auf 44 addieren, entsprechen unsere 195 Gt Kohlenstoff in etwa 715 Gt CO_2. Die Entfernung solch einer Masse an CO_2 aus der Atmosphäre würde im besten Fall 715 Gt an Olivin erfordern.

Welche Art von bergbaulichen Aktivitäten ist erforderlich, um 715 Gt Olivin zu gewinnen? Olivin wiegt etwa 3,5 Gramm pro Kubikzentimeter oder 3,5 Tonnen pro Kubikmeter, also entsprechen 715 Milliarden Tonnen Olivin etwa 204 Milliarden Kubikmetern Olivin. Der Pionier für Olivin-Verwitterung Olaf Schuiling zeigte mir auf, dass der effektivste Weg, Olivin abzubauen, darin besteht, sich auf ein Gestein zu konzentrieren, das Dunit genannt wird und zu mehr als 90 Prozent aus Olivin besteht (*Notiz 180*). Auf diese Weise müssten wir 204 bis 227 Milliarden Kubikmeter Dunit abbauen und behandeln.

Eine Vorstellung von dieser Größenordnung erhalten wir mit Blick auf das Oberflächengebiet von England, das etwa 130 Milliarden Quadratmeter umfasst. Zum Abbau der in unserem künstlich angeregten Verwitterungsprozess benötigten Menge von Olivin müssten wir eine etwa 1,6 Meter dicke Schicht aus reinem Dunit auf einer Fläche so groß wie England abtragen, um unser Best-Case-Szenario der CO_2-Reduzierung durch künstliche Verwitterung zu unterstützen. Alternativ können wir zur Einordnung dieser Größenordnung auf die heute tiefste und nahezu größte ausgehobene Grube der Welt blicken: die Bingham Canyon Mine, auch bekannt als Kennecott-Kupfermine (Utah, USA). Sie ist etwa 1000 Meter tief und 4000 Meter breit. Ihr Volumen betrug bereits 2008 etwa 1,25 Milliarden Kubikmeter (*Notiz 181*). Wir stellen fest, dass unsere theoretische Dunit-Mine 163- bis 182-mal größer als die Bingham Canyon Mine sein müsste. Bergbau in dieser Größenordnung mag nicht unmöglich sein, ist aber mit Sicherheit eine gigantische Herausforderung. Dabei ist nicht zu vergessen – um nicht den Zweck der Übung zu verfehlen –, dass die gewaltigen bergbaulichen Anstrengungen, die dafür erforderlich sind, also der Abbau, die Bearbeitung und der Transport, mit Netto-Null-Kohlenstoffemissionen durchgeführt werden müssten.

Die beschriebene Megaherausforderung kommt noch zusätzlich zu den Bemühungen um eine Emissionsreduzierung hinzu. Diese Bemühungen schließen die Erzeugung alternativer Energie, die Elektrifizierung des Transports und weiterer Infrastruktur, kombiniert mit dem Einfangen von Kohlenstoff an der Quelle der zentralen Energieerzeugung, Wärmepumpenheizungen, die Veränderung gesellschaftlicher Haltungen und Gewohnheiten und viele andere Aspekte ein. Im letzten Abschnitt will ich den Schwerpunkt auf Lösungen zur Kohlenstoffbeseitigung setzen.

6.3 MENSCHLICHE INTERVENTION DURCH KOHLENSTOFFBESEITIGUNG

Wie erwähnt, weist die Menge an Kohlenstoff, der eingefangen und aus dem Klimasystem beseitigt werden muss, eine nahezu unvorstellbare Größenordnung auf. Am Ende werden wir jede einzelne Möglichkeit benötigen, die wir entwickeln können; solche Lösungen müssen einen geringen Einfluss auf die Umwelt und eine große gesellschaftliche Akzeptanz haben.

Realistischerweise kann solch eine Aufgabe nur in Angriff genommen werden, wenn wir uns die Dienste des umfassenderen Erdsystems zunutze machen. Auf die eine oder andere Weise müssen wir dafür sorgen, dass Kohlenstoff aus dem aktiven Klimasystem entfernt und in Felsen und/oder Böden gespeichert wird. Eine Ausdehnung der Vegetation (Biosphäre), die danach in gutem Zustand gehalten wird, liefert einen einmaligen Kohlenstoffbeseitigungsprozess. Die Wiederherstellung und Bereicherung von Böden schafft eine Speichermöglichkeit über längere Zeit. Auf diese Weise könnte der Kohlenstoff zwar nicht vollständig vom aktiven Klimasystem abgetrennt werden, aber wenigstens böte es eine kurze Atempause in der Größenordnung von einigen Jahrhunderten oder mehr. Dasselbe gilt für den Transport von eingefangenem Kohlenstoff – über Planktonblühen und andere Prozesse – in den tieferen Ozean hinein. Letztendlich gelangt der meiste Kohlenstoff zurück an die Oberfläche. Wir sollten diese Prozesse daher hauptsächlich als ein Mittel verstehen, um uns ein paar Jahrhunderte zu erkaufen, die wir dann nutzen sollten, um dauerhaftere Lösungen zu erarbeiten. Im Gegensatz dazu ist die Speicherung in Felsen ideal, weil der Kohlenstoff auf diese Weise zu externem Kohlenstoff wird, der vom Austausch mit dem aktiven Klimasystem wirklich ausgeschlossen ist.

Aber das erste Problem besteht darin, wie wir CO_2 aus der Atmosphäre herausbekommen. Wir haben die erforderlich Technologie, um das in kleineren Größenordnungen zu bewerkstelligen, und tun es beispielsweise schon lange Zeit in Unterseebooten und bemannten Raumfahrzeugen. Die Schwierigkeit liegt darin, die Direct-Air-Capture(DAC)-Technologie an die riesigen Anlagen anzupassen, die überall in der Welt benötigt würden, um einen Unterschied zu machen bezüglich des Absaugens von diffusem CO_2 aus der Atmosphäre; außerdem müsste geklärt werden, wie man diese Anlagen mit Energie versorgen könnte. Dies ist der Grund, warum am häufigsten bei Kraftwerken versucht wird, CO_2 einzufangen; sie produzieren genug Energie und ihre Emissionen sind in Form von konzentrierten Punktquellen leicht zugänglich. Wenn dieses Einfangen von Kohlenstoff verknüpft wird mit dem Speichern der eingefangenen Produkte, z. B. in leeren Öl- und Gasfeldern, dann wird diese Technologie oft als Carbon Capture and Storage (CCS) bezeichnet. CCS unterstützt die Grundlage für „Clean Coal" (saubere Kohle), die darin besteht, Kohle auf effizienteren Wegen zu verbrennen als auf den traditionellen (zur Verbesserung des Energieertrags), und anschließend darin, das emittierte CO_2 an der Quelle einzufangen und zu speichern (*Notiz 182*). Aber saubere Kohle ist mit technologischen und logistischen Herausforderungen verbunden und kann realistischerweise nicht durch die Aufstockung existierender Kraftwerke erreicht werden. Daher wäre die Konstruktion neuer Kohlekraftwerke und somit eine Verlängerung der Abhängigkeit der Welt von fossilen

Energien erforderlich, zum Nachteil der Förderung alternativer Energien. Darüber hinaus richtet sich „Clean Coal“ nicht an die „Bereitsteller“ von anderen heftigen Verschmutzungen, die sich aus dem Einsatz von Kohle zur Energiegewinnung ergeben. CCS wurde auch für größere Industriekomplexe wie Häfen vorgeschlagen, die verstreutere Quellen darstellen als Kraftwerke, hat aber (bisher) nirgendwo ein Stadium erreicht, bei dem man von einer bevorstehenden Umsetzung sprechen könnte.

Bioenergie mit CO2-Abscheidung und -Speicherung (BECCS) ist ein anderer vorgeschlagener Weg, um auf negative Emissionen hinzuarbeiten (*Notiz 183*). Bei diesem Ansatz lässt man Biomasse von Pflanzen/Bäumen wachsen, um Treibstoff für Bioenergiekraftwerke zu produzieren; dieses Wachstum zieht CO_2 aus der Atmosphäre. Die Biomasse wird dann verbrannt, um Energie zu produzieren, und die Kohlenstoffemissionen werden an der Quelle eingefangen. Der eingefangene Kohlenstoff muss dann auf irgendwie gespeichert werden, um ihn aus dem aktiven Klimasystem zu entfernen. Auf diese Weise würde BECCS eine Netto-Kohlenstoffbeseitigung aus der Atmosphäre fördern.

Ein Problem liegt wiederum darin, BECCS hochzufahren. Wenn es darum geht, einen Unterschied bezüglich der dringenden Erfordernis der Kohlenstoffentfernung aus dem Klimasystem zu machen, dann müsste BECCS in enormen Größenordnungen angewandt werden, und zusätzlich wären schnelle technische Verbesserungen erforderlich (*Notiz 184*). Zudem würde es uns strenge Anforderungen für Bewässerung und Düngung von Landflächen zum Anbau von Biomasse auferlegen (*Notiz 185*), was ernsthaft mit den landwirtschaftlichen Notwendigkeiten für Nahrungssicherheit und/oder natürliche Ökosysteme kollidieren könnte. Ein sehr ähnlicher Konflikt ereignete sich, als Bioethanol als Kraftstoff für Fahrzeuge Mode wurde. Bei einem globalen Übergang zu BECCS würde dieser Konflikt insgesamt zu einer neuen Größenordnung anschwellen. Eine anderes Problem mit BECCS ist die Notwendigkeit, den eingefangenen Kohlenstoff zu speichern. Einer der Hauptvorschläge, nämlich ihn in ein bestimmtes Gestein (wie Basalt) einzuspritzen, führt zur Bildung von Magnesiumcarbonat-Mineralien die stabil sind und den Kohlenstoff wegschließen. Jedoch erfordert dies BECCS-Betriebsanlagen, die auf solchem

Gestein oder in dessen Nähe stehen. Und daraus ergeben sich einige Beschränkungen bezüglich ihrer räumlichen Verteilung. Auch Hydrofracking (Aufbrechen von Felsen mithilfe von hohem Wasserdruck) von Untergrundfelsen wird wahrscheinlich benötigt werden, um die Injektion zu bewirken, was für die Bevölkerung in den entsprechenden Gebieten ein Anlass zu erheblicher Besorgnis sein kann. Keines der Probleme ist unüberwindbar, aber beide sind nichtsdestoweniger schwierig und einschränkend.

Diese wahrgenommenen Beschränkungen von technischen Lösungen, die meistens damit zu tun haben, sie auf eine hinreichende Größe zu dimensionieren, sodass sie imstande sind, einen hinreichenden Einfluss auf die atmosphärischen CO_2-Niveaus zu bewirken, fördern ein schnell aufkeimendes Interesse daran, das Erdsystem (Kohlenstoffzyklus) steuernd zu ordnen, um es sowohl zum Einfangen als auch zum Speichern von Kohlenstoff zu befähigen (*Notizen 72, 186,* Abbildung 4.1). *„Unmöglich"*, mag man denken, aber beachte dies: Es ist exakt das, was wir in umgekehrter Richtung mit unserem Verbrennen von fossilen Brennstoffen getan haben. Die natürliche Oxidierung von organisch reichen Elementen und fossilen Brennstoffen war eine sehr kleine Fluss-Größe, bevor wir begonnen haben, aber als wir erst einmal angefangen hatten, vergrößerten wir sie schnell durch industrielle Prozesse. Im Laufe der Zeit wurden wir besser und besser darin und nun emittieren wir ein Menge von 10 GtC jedes Jahr (Abbildung 1.2).

Das Problem, dem wir nun begegnen, ist dahingehend ein wenig unterschiedlich, dass in der Natur die Hauptmechanismen zur Entfernung von Kohlenstoff verstreuter sind – sie sind nicht so schön konzentriert wie fossile Brennstoffe – und auch dass sie sehr geringe Fluss-Größen haben. Zum Beispiel beträgt der Netto-Fluss von Kohlenstoffentfernung aus dem aktiven Klimasystem über Verwitterung nur 0,3 GtC pro Jahr (Abbildung 4.1). Wenn wir 195 GtC Kohlenstoff in den etwa 80 verbleibenden Jahren dieses Jahrhunderts beseitigen wollen, müssen wir irgendwie die globalen Verwitterungsprozesse um das 8-Fache beschleunigen. Dies ist eine einschüchternde Aufgabe, und wir haben gesehen, dass dies riesige Mengen von geeignetem Material erfordert, aber es mag kluge Wege geben, dies zu tun.

Zum Beispiel besteht eine häufig genannte Idee darin, Felsenstaub abzubauen, zu zermahlen und dann auf landwirtschaftlichen Flächen auszubreiten (*Notiz 187*). Der Felsenstaub, der von basaltähnlichem Gestein stammen kann, das in der Welt verbreitet ist, enthält auch viele nährstoffreiche Mineralien. Im Zuge der chemischen Verwitterung wird CO_2 verbraucht und die Nährstoffe werden in die Erde freigesetzt. Das verwitterte Gestein bewirkt zusätzlich eine Zunahme der alkalischen (basischen) Eigenschaft des abfließenden Wassers, und dies wiederum bewirkt einen erhöhten CO_2-Eintrag in die Gewässer (*Notiz 188*). Durch seine Nährstofffreisetzung macht der Felsenstaub den Boden fruchtbar, was dabei hilft, die Ernteerträge zu erhöhen und den Einsatz künstlicher Düngemittel zu reduzieren, obgleich es wichtig ist, die Felsenstaub/Olivin-Dosen innerhalb gewisser Grenzen zu halten, um Ungleichgewichte bezüglich Pflanzenernährung zu vermeiden (*Notiz 189*). Zusammengefasst wird der Boden angereichert und enthält mehr Kohlenstoff, die Ernteerträge nehmen zu und Kohlenstoff wird aus der Atmosphäre entzogen. Reichere Böden könnten darüber hinaus Wasser besser zurückhalten als ausgelaugte Böden und somit dabei helfen, die Effekte gelegentlicher Trockenperioden zu mildern und/oder die Notwendigkeit zu reduzieren, wertvolle Wasserressourcen für die Bewässerung abzuzapfen. Darüber hinaus scheint es, als könnte die Bodenstabilität verbessert werden (*Notiz 190*).

Die mit Felsenstaubdüngung produzierte Ernte könnte Nahrung oder Biomasse für BECCS-Pflanzen sein, die zu weiterem Kohlenstoffentzug führen würde. Alternativ könnte die Felsenstaubdüngung auch zur Wiederaufforstung/Neuaufforstung, zur Wiederherstellung natürlicher Ökosysteme durch Bodenrestaurierungsbemühungen und zur Pflanzung von natürlicher Vegetation genutzt werden. Insbesondere wenn Sumpfgebiete auf diesem Wege rekultiviert werden, wird in jenen natürlichen Umgebungen sogar mehr Kohlenstoffentfernung und -speicherung stattfinden.

All dies mag nach einem Utopia klingen, und es ist nur in kleinen Größenordnungen getestet worden. Wenn es erst einmal für sehr hohe Größenordnungen und über sehr lange Zeiträume tatsächlich umgesetzt wird, könnten sich die zusammenwirkenden Vorteile anders darstellen als hier beschrieben, und die Wirkungsgrade der verschiedenen Prozesse könnten abweichende Ergebnisse als hier dargestellt zeigen; die Wirksamkeiten der verschiedenen Prozesse könnten geringer sein, als einige Modelle zu verstehen geben (zum Beispiel könnten Böden an einem gewissen Punkt „gesättigt" sein und damit aufhören, Kohlenstoff aufzunehmen). Konsequenterweise ist Forschung und Testung in mittlerer bis hoher Größenordnung dringend erforderlich. Das Gleiche gilt für eine Reihe anderer Ideen; für eine Übersicht siehe „Project Drawdown" (*Notiz 191, http://www.drawdown.org*). In vielen Fällen existieren nur Modellergebnisse, deren Informationsgehalt sich auf Kurzzeittests in Laboren oder Gewächshäusern bezieht.

Allmählich verbessern sich die Rahmenbedingungen bezüglich Forschungsförderung und Sponsoring durch große Unternehmen rund um die Welt angesichts der Dringlichkeit, die Probleme im Zusammenhang mit der Kohlenstoffentfernung aus dem Klimasystem in den Griff zu bekommen, sodass wir die vielversprechenden Ansätze identifizieren und die schwachen aussortieren können. Eine größere Dringlichkeit wird dennoch benötigt: In Anbetracht der Größenordnung des Problems sind wir letztlich darauf angewiesen, jede einzelne arbeitsfähige Lösung zu implementieren.

[7] ZUSAMMENFASSUNG

Mehrere unabhängige Serien von Beobachtungen demonstrieren, dass es etwa 1 °C Erwärmung seit dem Beginn der Industriellen Revolution gegeben hat. Wir diskutierten, dass es etwas Variabilität in der Sonneneinstrahlung gibt und dass diese Variationen in Aufzeichnungen über vergangene Klimata erkannt werden können, aber auch, dass solare Variabilität nur zu einer Erwärmung um 0,1 °C bis hin zu einem unwahrscheinlichen Maximum von 0,35 °C seit dem Ende der Kleinen Eiszeit beitragen kann. Basierend auf Energiebalancebetrachtungen haben wir herausgefunden, dass unsere Emissionen von externem Kohlenstoff den Haupttäter darstellen.

In Antwort auf diese Störung der Energiebalance muss das Klima einfach zu einem wärmeren pliozänähnlichen Zustand wechseln, sogar wenn es uns gelänge, das CO_2 auf seinem gegenwärtigen Niveau von etwa 400 ppm zu stabilisieren. Anhand der Diskussion von mehreren sich langsam anpassenden Prozessen innerhalb des Klimasystems verstehen wir nun, dass es von Beginn an mehrere Jahrhunderte erfordern wird, sich der vollen pliozänähnlichen Erwärmung anzunähern. Aber es sind bereits zwei Jahrhunderte verstrichen, und die Erwärmung zum jetzigen Zeitpunkt beläuft sich auf etwa 1 °C. Die langsamen Komponenten im Klimasystem werden eine kontinuierliche Erwärmung um etwa ein weiteres Grad verursachen. In anderen Worten: Wir werden zwangsläufig eine weitere Erwärmung erleben, sogar wenn wir den großen Sprung hin zu einer Nullemissionsgesellschaft heute meistern und somit die CO_2-Niveaus stabilisieren würden.

Die Dringlichkeit, das laufende Niveau der jährlichen Emissionen abzusenken (10 GtC), kann nicht überbetont werden. Jedes Jahr des Nichthandelns bringt uns unvermeidlich einem Zukunftsklima näher, das sogar den warmen Pliozänzustand mit globalen Temperaturen von mindestens 2 bis 3 Grad über dem vorindustriellen Niveau überschreiten wird. Wenn wir uns erlauben, lediglich das auf der Pariser Klimakonferenz vereinbarte Maximum von 2 Prozent Erwärmung um das Jahr 2100 zu erreichen, dann würden wir uns über die kommenden Jahrhunderte einer Erwärmung um 4 °C annähern, selbst wenn wir um das Jahr 2100 Nullemissionen erreichen würden. Dies ist erheblich wärmer als während des Pliozäns.

Wir haben gesehen, dass die Konsequenzen ernst sind. Der Fortschritt hin zu einem pliozänähnlichen Klimazustand wird von einer fortgesetzten Verschiebung globaler und regionaler Klimazonen und von einer Intensivierung der Verdampfungs- und Niederschlagszyklen begleitet werden, die viele Gebiete dem Risiko zunehmender Extreme aussetzen, einschließlich starker Trockenheit, Überschwemmungen und tödlicher Hitze. Während sich die großen kontinentalen Eisschilde an die veränderten Bedingungen anpassen und weitere Erwärmung durch die Eis-Albedo-Rückkopplung verursachen, gibt es mittlerweile einen nicht zu stoppenden Anstieg des Meeresspiegels. Diese Anpassung wird sich wegen der langen Reaktionszeiten großer Eisschilde über viele Jahrhunderte fortsetzen. Wir bewerteten geologische Daten, um einen Hinweis zu erhalten, wie schwerwiegend dieser Einfluss mit der Zeit werden könnte, sogar wenn wir das CO_2 bei 400 ppm stabilisieren könnten. Im Pliozän lag der Meeresspiegel mindestens 9 Meter und gemäß den meisten Schätzungen gar zwischen 12 und 32 Meter über dem gegenwärtigen Niveau. Die geologischen Daten zeigen auch, dass die Geschwindigkeit des Meeresspiegelanstiegs über das gegenwärtige Niveau wahrscheinlich mindestens 1 Meter pro Jahrhundert erreichen wird und sogar (viel) mehr nach 2100.

Nachdem wir erkannt haben, dass die Natur nicht mehr als möglicherweise ein Drittel unserer jährlichen Emissionen beseitigen kann, wissen wir mit Sicherheit, dass die CO_2-Niveaus kontinuierlich ansteigen werden, wenn wir die Emissionsrate nicht drastisch reduzieren. Und sogar wenn es uns gelingt, die CO_2-Niveaus zu stabilisieren, müssen wir immer noch nach Wegen suchen, sie wieder auf 350 ppm abzusenken, um für das langfristige Klima sichere Bedingungen wiederherzustellen. Es gibt nichts in der Natur, was von sich aus dazu imstande wäre, zumindest nicht in für die Gesellschaft relevanten Zeiträumen. Die Natur kann dies nur in Zeiträumen von Hunderttausenden von Jahren bewerkstelligen.

Wir stellten fest, dass die Korrekturmaßnahmen, die wir entwickeln müssen, von wahrlich unvorhergesehener Größenordnung in der Geschichte der Menschheit sind. Auf uns lastet die Verantwortung – genau hier und jetzt –, technische und/oder erdsystembasierte Lösungen zu finden. Dies bedeutet eine technologische und logistische Herausausforderung wie keine andere zuvor. Aber dabei ist zu beachten, dass Menschen immer außerordentlich gut in der Überwindung von extrem ungünstigen Chancen waren. Wir sollten diese Herausforderung als Startimpuls für den dringend benötigten Übergang zu einer nachhaltigen Handelsweise der Gesellschaft sehen. Dies ist unsere Chance, die Zivilisation zu zivilisieren.

[8]

EPILOG

Es besteht kein Zweifel daran, dass die Entdeckung und verbreitete Nutzung von fossilen Brennstoffen massive ökonomische und soziale Entwicklungen angetrieben hat. Es begann mit Kohle. Obwohl Öl und Gas danach wichtig wurden, hat Kohle niemals wirklich ihre Vormachtstellung verloren, obgleich sich ihr ansteigender Trend in den letzten Jahren gedreht haben könnte (Abbildung 1.2). Mit dem Gebrauch von fossilen Brennstoffen ist nahezu jeder auf unserem Planeten vertraut, und es existiert eine massive globale infrastrukturelle Zusammenarbeit, um ihre Lieferung und Verteilung sicherzustellen. Zusätzlich sind petrochemische Produkte wesentliche Grundmaterialien für einen großen Teil der mit Maschinen arbeitenden Industrie (z. B. Plastik, Kunststoffe, Lösungsmittel usw.). Nahezu die gesamte menschliche Kultur ist auf diese Weise durch und durch von fossilen Brennstoffen und anderen petrochemischen Produkten abhängig. Wir fühlen uns mit ihnen in unserer Komfortzone.

Die sehr eng verwobene Beziehung zwischen der modernen Lebensart und fossilen Brennstoffen sowie anderen petrochemischen Produkten, das emotional aufgeladene Komfortzonenthema und direkte finanzielle Interessen sind wesentlich für die starken Reaktionen, die gewöhnlich folgen, wann immer externe Kohlenstoffemissionen als ein dringendes Problem angesprochen werden. Ich hoffe, dass dieses Buch Ihnen zu einem tieferen Verständnis der Konzepte und Beobachtungen hinter den Besorgnissen verholfen hat, die von Forschern zum Ausdruck gebracht werden. Die Rolle von CO_2 bezüglich des Klimas könnte möglicherweise in den Details ein wenig schärfer definiert werden, aber die Grundzüge sind klar. Und die Grundzüge sind alles, was wir benötigen, um unsere heutige Situation zu verstehen. Schon mit Blick auf nur wenige einfache Zahlen über die möglichen Konsequenzen der modernen CO_2-Niveaus, mit Beispielen aus der Vergangenheit und gleichermaßen einfachen Zahlen über die schieren Mengen an involviertem Kohlenstoff, kann sich jeder mit der Größenordnung des Problems vertraut machen.

Nachdem wird auf ähnliche Weise die Größenordnung für die grundlegend erforderlichen Abhilfemaßnahmen ausgearbeitet hatten, wurde deutlich, dass unsere ratsamste Vorgehensweise darin besteht, so früh wie möglich eine Nullemissionsgesellschaft einzurichten. Da bereits so lange Zeit keine geeigneten Maßnahmen ergriffen wurden, ist nun ein positives Handeln in wahrhaft globaler Größenordnung von größter Wichtigkeit. Eine Nullemissionsgesellschaft ist wesentlich für ein Stoppen des unnatürlich schnellen Anstiegs der CO_2-Niveaus und für ein Stabilisieren auf einem Niveau, das so nah wie möglich an den heutigen 400 ppm liegt. Parallel dazu müssen wir die Entwicklung und Realisierung von Technologien zur aktiven CO_2-Reduzierung maßgeblich vorantreiben.

Dies wird mit hohen Kosten einhergehen. Aber die Menschheit war in der Vergangenheit nur deshalb so erfolgreich, weil sie sich niemals vor größeren Herausforderungen gescheut hat. Sie hat solche Herausforderungen stets durch umfangreiche Innovationen gemeistert. Solche Innovationen führen umgekehrt zu neuen ausschöpfbaren Möglichkeiten und neuen technologischen sowie ingenieurtechnischen Errungenschaften, die sich im Laufe der Zeit auszahlen werden. Vor dem Hintergrund, dass es keinen Weg gibt, auf dem die Natur unsere Umwelt in gesellschaftlich relevanten Zeiträumen bereinigen kann, haben wir schichtweg keine andere Wahl. Wir sind auf uns selbst angewiesen: Es obliegt uns und uns allein, die Umweltverschmutzung zu beseitigen.

Wenn wir diese Verantwortung akzeptieren, dann ist es unerlässlich, dass wir nicht passiv auf die benötigten Erneuerungen warten, die sich per Zufall ereignen, sondern dass wir eine intellektuelle Umgebung etablieren wie auch fördern und die Machbarkeit von geeigneten Lösungen aufzeigen, um auf diese Weise Innovationen und deren Realisierung aktiv zu unterstützen. Die Folgekosten eines Nichthandelns sind nicht allein finanzieller, sondern auch – und noch wichtiger – humanitärer und ökologischer Natur. Inaktivität wird zunehmend auf Wasser- und Nahrungsressourcen in nationalen und internationalen Größenordnungen einwirken und wird daher zu einer rechtlichen Frage werden; sie wird künftig (oder ist es wohl bereits jetzt; *Notiz 192*) eine wahrscheinliche Ursache für Entbehrungen und Konflikte sein. Dies wäre kein neues Phänomen – in der Vergangenheit wurden sogar relativ gemäßigte natürliche Klimaveränderungen als wichtige Mitverursacher großer sozialer Verwerfungen in regionaler Größenordnung angesehen (*Notizen 193, 194, 195*).

Zudem müssen einige umfassendere Problematiken in den Blick genommen werden.

Zunächst gibt es das Problem unseres Umgangs mit jeglicher Art von Verschmutzung. Das Kohlenstoffproblem ist nicht die einzige Form von Verschmutzung. Andere Beispiele schließen illegale Abfallbeseitigung, gedankenloses Verschmutzen, ein Hinwegsehen über schädliche Praktiken und viele andere ein. Bei bereits mehr als sieben Milliarden Menschen auf dem Planeten ist es für unsere Überlebensfähigkeit erforderlich, die Aufmerksamkeit auf eine Vermeidung von Verschmutzung und Schädigung des einzigen natürlichen Lebensraums zu legen, den wir zur Verfügung haben. Die Vernunft gibt uns gleichermaßen Anlass, grüne Energie zu entwickeln wie auch Kohlenstoffemissionen zu reduzieren.

Zweitens gibt es ein Problem bezüglich der häufig geäußerten Einwände gegen die Entwicklung grüner Energie aus ästhetischen oder erfundenen gesundheitlichen Gründen. Es ist nicht so, dass die fossile Industrie keine Infrastruktur benötigt, die in großem Maßstab Schattenseiten aufweist, sie ist hässlich, verursacht Lichtverschmutzung (übermäßiges Erhellen des nächtlichen Himmels durch Lichter), lärmt, stinkt, leckt oder ist auf andere Weise unangenehm. Alle größeren Entwicklungen haben solche Schattenseiten, aber wir haben gelernt, mit ihnen zu leben, oder – zynischer – haben es oftmals den weniger Privilegierten überlassen, mit ihnen zu leben. Eine besser ausbalancierte Sicht auf die verfügbaren Alternativen wird benötigt. Menschen, die gegen die Entwicklung grüner Energie opponieren, sind gewöhnlich weniger scharfsichtig, wenn es um deren Alternativen (fossile Brennstoffe oder Kernenergie) geht, sodass sie einen geplanten Solar- oder Windpark lieber gegen eine größere Ölraffinerie, ein Kohlekraftwerk oder ein Kernkraftwerk in ihrem Hinterhof tauschen würden. Ja, ein Übergang zu einer nachhaltigen Zukunft wird einige harte Entscheidungen erfordern, aber harte Entscheidungen wurden bereits in der heutigen industrialisierten Gesellschaft getroffen und die bestehenden Entscheidungen sind ohne Zweifel nicht länger haltbar. Um zu überleben, müssen wir grüne, erneuerbare Energie entwickeln.

Drittens gibt es in vielen Staaten Widerstand dagegen, die Entwicklung einer Wissensgrundlage und Infrastruktur für ein starkes Portfolio an alternativer Energiegewinnung positiv zu betonen. Solch ein Portfolio würde die Abhängigkeit von fossilen Brennstoffen reduzieren und – durch Energievielfalt – eine höhere Energiesicherheit und ein höheres Maß an Selbstversorgung bieten. Den Extraschritt hin zu reiner Luft und reduzierter Verschmutzung in Angriff zu nehmen, würde auch größere Vorteile für die Bevölkerungsgesundheit mit sich bringen, ähnlich den vergangenen Verbesserungen, die vom Übergang von Kohleverstromung hin zur relativ sauberen Öl- und Gasenergie in größeren Städten rund um die Erde angetrieben worden sind. Die Entwicklung der Wissensgrundlage und Infrastruktur für ein starkes Portfolio an alternativer Energieerzeugung und Kohlenstoffbeseitigung mag Investitionen erfordern, aber es ist auch wahrscheinlich, dass sich daraus Auslandsinvestitionen und neue Geschäftsmöglichkeiten ergeben. Darüber hinaus besteht für engagierte Nationen großes Potential, zu einem internationalen Drehpunkt für den Export von Technologie und Wissen mit größeren Investitionsrückzahlungen in Form von Beschäftigung und finanziellen Gewinnen zu werden. Diese Vorteile kommen zusätzlich zu den Rückflüssen aus einer fortbestehenden Reduzierung der Kosten für Gesundheitsversorgung dank reduzierter Verschmutzung hinzu.

Große Möglichkeiten bestehen für Orte wie Australien, das mehr Platz pro Person als jede andere Nation hat – große Teile davon reichlich ausgestattet mit Sonnen-, Wind-, Wellen- und Gezeitenenergie – und wo bereits das erforderliche Ausbildungssystem, der Pioniergeist und der nötige finanzielle Rückhalt gegeben sind. Es könnte sich als ein Schaufenster und als wahrer globaler Vorreiter bezüglich energetischer Selbstversorgung neu erfinden, als ein globaler Antrieb für technologische Innovationen und als Exporteur von grüner Energie und Wissen. Solche Neuerungen könnten zu Kohlenstoffabbauprogrammen in gegenwärtig nur geringfügig genutzten Regionen ausgeweitet werden, wo in großem Umfang Bodenerneuerung, Wiederaufforstung und Neuaufforstung betrieben werden könnte. Viele andere Nationen haben ähnliche Möglichkeiten.

Aber das Ergreifen von Chancen erfordert Mut und Voraussicht für alle Nationen, um aus der Behaglichkeitszone des fossilen Brennstoffs hinauszuschreiten und darin zu investieren, eine Führungsrolle beim Übergang in eine saubere Gesellschaft zu übernehmen. Lasst uns die Möglichkeiten erkennen und ergreifen und mit einer Zukunftsvision handeln, anstatt in einer Behaglichkeitszone zu verbleiben, die bereits ein oder zwei Jahrhunderte zurückreicht und nicht andauern wird.

GLOSSAR

Das Glossar soll ein leicht verständliches, flüssiges Lesen unterstützen. Der Schwerpunkt liegt auf den Begriffen, die im Text verwendet werden. Das Glossar erhebt keinen Anspruch auf Vollständigkeit. Für ein Klären weiterer Begriffe sei die Verwendung eines guten Wörterbuchs empfohlen.

absorbieren: einsaugen, verzehren
lat. absorbere „verschlucken"
Albedo: Maß für Reflektivität, Verhältnis der reflektierten zur einfallenden Strahlung
lat. albere „weiß sein"
alkalisch: basisch, in der Art wie Laugen, statt Säuren
arab. alqualy „salzartige Asche"
Alkenon: Eine Art Kohlenwasserstoffverbindung (mit wenigstens einem an ein Kohlenstoffatom gebundenen Sauerstoffatom)
arab. alqualy + enol (Bezeichnung für eine chemische Gruppe)
Anomalie: Abweichung vom Normalen, vom erwarteten Wert
griech. anomalos „uneben"
anthropogen: vom Menschen verursacht oder menschengemacht
griech. anthropos „Mensch" + gignesthai „erzeugen"
Aphelium: bezüglich Erdumlaufbahn der von der Sonne entfernteste Punkt
griech. apo „ab, weg" + helius „Sonne"
Äquinoktium: Tagundnachtgleiche
lat. aequus „gleich" + nox „Nacht"
Argument: vorgebrachter Punkt der Erläuterung, Beweisführung
lat. argumentum „Gehalt, Beweis"
arrangiert: geschmackvoll angeordnet oder eingerichtet
franz. arranger „anordnen, einrichten"
assistieren: beistehen, helfen, mitarbeiten
lat. assistere „sich dazustellen, dabeistehen"
astronomischer Zyklus der Exzentrizität: Variationen in der Gestalt der Erdumlaufbahn um die Sonne, von nahezu kreisförmig zu elliptisch
astronomischer Zyklus der Obliquity (Schrägstellung): der sich allmählich verändernde Winkel – oder die Neigung – der Erdrotationsachse relativ zu der Senkrechten zur Ebene der Erdumlaufbahn

astronomischer Zyklus der Präzession: das „Schwanken“ – wie ein drehender Kreisel – der Erdrotationsachse relativ zur Ebene der Erdumlaufbahn um die Sonne, was die Tagundnachtgleichen und Solstitien (*Sonnenwenden*) dazu veranlasst, sich längs der Umlaufbahn zu verschieben

Atmosphäre: Lufthülle der Erde, Gashülle eines Planeten
griech. atmos „Dampf“ + sphaira „Kugel“

Ausstrahlung: ist von der Art wie die vom Ofen ausgehende Wärme oder von der Sonne kommendes Licht, die sich an einem entfernt gelegenen Ort, wohin sie ausgestrahlt wird, noch empfinden lässt
indogermanisch ud „empor, hinaus“ + ahd., asächs. strala „Pfeil, Blitzstrahl“

BECCS: Bioenergie mit CO_2-Abscheidung und -Speicherung
engl. bioenergy carbon capture and storage

benthisch: *engl. benthic, griech. benthos „Tiefe“*

Billion: Million × Million, 10^{12}, die gleiche Zahl heißt im Englischen trillion
franz. bi „zweimal“ + mille „tausend“

billion: das englische Wort für das deutsche Wort Milliarde, 10^9, eintausend Millionen

Biomasse: biologisches Material von lebenden oder kürzlich am Leben gewesenen Organismen

Biosphäre: die Zusammenfassung von allem Leben
griech. bios „Leben“ + sphaira „Ball, Kugel, Erdkugel“

Bohrkern: durch Bohrung herausgetrennte Materialien einer Schichtung in Form einer Säule als eine Probe für die Laboruntersuchung ihrer Bestandteile
ahd. boron + kerno

Box-Modell: vereinfachtes Rechenmodell zur Abschätzung möglicher Entwicklungen, bei Klimamodellierung mit recheneffektiv beschriebenen Repräsentanten für Atmosphäre, Ozean, Land, Eis und zugehörigem Austausch zwischen den Kästen für die Repräsentanten
engl. „Kasten“ + ital. modello „Modell“

C: chemisches Symbol für Kohlenstoff
lat. carbo „Kohle, Holzkohle“

CCD: Kohlenstoff-Kompensationstiefe, die Meerestiefe, unterhalb derer sich kein Carbonat am Boden ablagert
engl. carbonate compensation depth

CCS: CO_2-Abscheidung und -Speicherung
engl. carbon capture and storage

chrononlogisch: in oder nach zeitlichem Ablauf
griech: chronos „Zeit“ + logos „Wort“

CH_4: Methan
engl. methane, von methyl ($-CH_3$), griech. methu „Wein“ + hule „Holz“

CIE: Kohlenstoffisotop-Ereignis
engl. carbon isotope event

Clausius-Clapeyron-Gleichung: Gleichung über das temperaturabhängige Vermögen der Luft, Wasserdampf in sich zu halten, das mit steigender Temperatur rasch zunimmt
von *Clausius & Clapeyron 1834 entwickelt*

CO_2: Kohlendioxyd
engl. carbon dioxyd, lat. carbo „Kohle" + griech. dis „zweimal" + franz. oxyde, griech. oxys „scharf, spitz"; germ. culq „Holzkohle"

COP21: Konferenz der 21 Regierungsvertreter in Paris
engl. Conference of Parties 21 in Paris

CS: Klimasensitivität
engl. climate sensitivity, griech. klima „Abhang, Zone" + lat. sensitivus „fühlen"

DAC: direktes Einfangen von Kohlenstoff aus der Luft (wie bereits in U-Booten und bemannter Raumfahrt praktiziert)
engl. direct air capturing

Detail: Einzelheit zu etwas
franz. détail „Einzelheit zu etwas"

DOM: bezüglich Meeresbiologie: gelöstes organisches Material
engl. dissolved organic matter

dominieren: überwiegen
lat. dominari „herrschen"

drakonisch: äußerst rau oder schwer
nach griech. Gesetzgeber Draco (Drakon)

EAIS: der ostantarktische Eisschild
engl. East Antarctic Ice Sheet; sheet „Blatt, Eisdecke"

ECS: Gleichgewichtsklimasensitivität
engl. equilibrium climate sensitivity, lat. aequilibrium von acquus „gleich" + libra „Balance"

Eisschelf: Schelfeis, schwimmende große Eisplatte oder brettartige Eisschicht
engl. ice shelf „Eis-Brett"

Eisschild: riesige gletscherartige Eismassen
engl. ice shield „Eis-Schild"

Eiszeitbeendigung: Beendigung einer Eiszeit mit Rückgang von Eisflächen in hoher Größenordnung
engl. deglaciation „Enteisung"

Emission: (bei Licht) Aussendung, (bei Wärme) Ausstrahlung, (bei Partikeln) Aussendung
lat. emittere „aussenden"

Eozän-Epoche: Intervall geologischer Zeit, etwa von vor 56 bis vor 34 Millionen Jahren
engl. Eocene Epoch, eos „Dämmerung" + kainos „neu" + griech. epoche „Augenblick des Stopps, fester Zeitpunkt"

Epoche: bedeutsamer Unterabschnitt eines längeren Zeitraums in der Geologie
griech. epoche „Augenblick des Stopps"

ESS: Erdsystem-Klimasensitivität; Klimaempfindlichkeit unter Einbezug aller Klimazyklen, der schnellsten wie auch der langsamsten (vergleiche Abbildung 3.2)
engl. earth-system-sensitivity; germ. erpo „Erde“ + griech. systema „Gebilde“ von syn „zusammen“ + histanai „stellen“ + ahd. intfindan, mit findan „finden“, engl. find „finden“ + ahd. (Nachsilbe) -heit

extern: außerhalb befindlich
lat. „außerhalb befindlich“

externer Kohlenstoff: Kohlenstoff in einem Reservoir – typischerweise Sedimente oder fossile Brennstoffe – das extern (außerhalb) des Hydrosphäre-Biosphäre-Atmosphäre-Systems gelegen ist
engl. external carbon, lat. externus „außerhalb befindlich“ + carbo „Kohle“

extrahiert: herausgezogen
lat. ex „aus“ + trahere „ziehen“

Exzentrizität: Maß für Abweichung einer Ellipsenform von einer Kreisform
lat. ex „aus“ + griech. kentron „Kreismittelpunkt“

Feedback: Eine Reaktion oder Antwort, die die Einwirkung einer ursprünglichen Änderung oder Störung verstärkt (positive Rückkopplung) oder dämpft (negative Rückkopplung)
engl. feedback „zurückfüttern“

Feinstaub: Die insbesondere aus chemischen Reaktionen entstandenen feinen Stäube, z. B. aus NO_X, die bis um eine Größenordnung (!) unter den sichtbaren Bereich von Lufttrübung hineinreichen, bevor sie mit der Lufttrübung von Smog, die zu größeren Teilchen reagiert, sichtbar wären
mhd. fin, lat. finis „Grenze“

fluktuieren: schwanken
lat. fluktuare „wanken, wogen“

Foraminifere: Einzellige Organismen mit einer Calciumcarbonatschale, die sehr zahlreich im Ozean vorhanden sind, sowohl freischwebend in Oberflächenwasser (planktonisch) als auch auf dem Ozeanboden lebend (benthisch)
engl. foraminifera, lat. foramen „Loch, Öffnung“ + ferre „tragen“

Forcing: Strahlungsantrieb; Antriebskraft zur Klimaveränderung
engl. force „Kraft“

Fracking: Brechen von Felsen unter Einwirkung von Wasserdruck
lat. fractur „Bruch“

G: hier: Giga = $\mathbf{10^9}$
griech. gigas „Gigant“

Gas: Stoff, Materie aus frei herumfliegenden Molekülen, die sich durch ein Zurückprallen bei Zusammenstößen auf Abstand halten und somit stark verdünnt (statt dicht gedrängt) einen Raum ausfüllen
griech. chaos „wirre, gestaltlose Masse“

Gas-Hydrat: kristalline wasserbasierte Festkörper, die wie Eis ausschauen, mit eingefangenen Gasen innerhalb von „Käfigen" aus mit Wasserstoffbrücken verknüpften Wassermolekülen
griech. chaos „wirre, gestaltlose Masse" + hydor „Wasser"
Geo-: den Planeten Erde oder die Erdoberfläche betreffend
griech. ge „Erde"
geochemisch: die chemischen Zusammensetzungen und Vorgänge der Erde mit ihren Bestandteilen betreffend
griech. ge „Erde" + chemeia „Chemie"
GHG: Treibhausgas, z. B. H_2O, CO_2, CH_4; trägt mit von ihr aus der Atmosphäre ausgesandter langwelliger Energiestrahlung zur erhöhten Temperatur am Boden bei (Ähnlichkeit zur im gegenüber außerhalb eines Gewächshauses beobachteten erhöhten Temperatur)
engl. green house gas „Treibausgas"
Giga: eine Milliarde (engl. one billion), 10^9
griech. gigas „Gigant"
Grundberührungslinie: Aufsetzlinie; Stelle, Grenzlinie, ab der bei genügender Wassertiefe Eis nicht mehr auf dem Boden aufliegt, sondern schwimmt
engl. grounding line, engl. ground „Grund" + lat. linea „Schnur, damit gerade gespannte Linie"
Gt: Gigatonnen = 10^9 Tonnen
engl. giga tons, griech. gigas „Gigant" + neulat. tunna „Fass"
GtC: Gigatonnen Kohlenstoff
engl. giga tons of carbon, *griech. gigas „Gigant" + neulat. tunna „Fass" + engl. carbon „Kohle"*
GtC/y: Gigatonnen Kohlenstoff pro Jahr
mit y für engl. year „Jahr"
GtS: Giganonnen Schwefel
engl. giga tons of sulphur, griech. gigas „Gigant" + neulat. Tunna „Fass" + lat. sulphur „Schwefel"
Holozän: gegenwärtige geologische Epoche seit etwa 10 000 Jahren
griech. holos „ganz" + kainos „neu"
Hydrat: Verbindung, die Wasser chemisch gebunden hält
griech. hydor „Wasser"
Hydrosphäre: das System von flüssigem Wasser (Ozeane, Seen, Flüsse, Grundwasser); im breitesten Sinne würde es das in Form von Eis gegenwärtige Wasser einschließen, aber in der Klimatologie ist das Eis gewöhnlich unter dem Namen Kryosphäre abgetrennt
griech. hydor „Wasser" + sphaira „Ball"
Hypothese: unterstellter Ansatz als Startpunkt für Erkenntnisgewinn mittels Überprüfung
griech. hypothesis „Basis"
implementieren: einen Plan oder eine Übereinstimmung in den Zustand der Wirklichkeit überführen
lat. implere „erfüllen, ergänzen"

implizieren: mit einschließen
lat. implicare „hineinwickeln"
Industrielle Revolution: der Übergang zu neuen Herstellungsprozessen mit Maschinen, von etwa 1760 bis in die frühen 1800er-Jahre, der die weitverbreitete Einführung von Kohleenergie einschloss und sich danach auf der zusammengesetzten Basis von Kohle, Öl und Gas fortsetzte
engl. industrial revolution, lat. industria „Fleiß, Betriebsamkeit" + lat. revolvere „zurückrollen"
Infrarot: Licht von längerer Wellenlänge (700 bis zu etwa 1000 Nanometer), das Menschen normalerweise nicht sehen können
engl. infrared, lat. infra „below" + engl. red „rot"
instruktiv: nützlich und informativ
lat. instruere „hineinschichten, ausrüsten, informieren"
intuitiv: unmittelbar anschaulich, verständlich
mlat. intiuitivus
IPCC: Zwischenstaatlicher Ausschuss für Klimaänderungen
engl. Intergovernmental Panel on Climate Change
Isotop: Atom mit gleicher Protonenzahl, das sich aber von anderen gleichbezeichneten Atomen in der Zahl der Neutronen unterscheidet, zum Beispiel: ^{12}C (6 Protonen + 6 Neutronen), ^{13}C (6 Protonen + 7 Neutronen)
griech. isos „gleich" + topos „Ort"
ISWR: einfallende kurzwellige Strahlung
engl. incoming short wave radiation
Karbonat: chemische Verbindung aus bestimmten Salzen (z. B. Calciumcarbonat $CaCO_3$)
lat. carbo „Kohle"
Karbonat-Kompensation: die Zwischenaktion zwischen Karbonat in Tiefsee-Sedimenten und Tiefenwasser-Chemie (Reaktionseigenschaften auch von unterschiedlichen Druckverhältnissen gemäß Wassertiefe abhängig), wobei eine Zunahme an Tiefenwasser-CO_2 durch Auflösen von Ablagerungskarbonaten „gepuffert" wird (negative Rückkopplung) und eine Abnahme an Tiefenwasser-CO_2 mittels verstärkter Erhaltung von Ablagerungskarbonat gepuffert wird
engl. carbonate compensation, lat. carbo „Kohle" + compensare „ausgleichen"
Kern-Top-Eichung: die Praxis, Proxydaten aus den in der jüngsten gegenwartsnahen Zeit gemessenen Sedimenten (Sedimentkern-Spitzen) mit den oberhalb jener Kernspitzen repräsentierten Eigenschaften von Seewasser zu eichen
engl. core-top calibration, arab. qualib „Form, Modell"
Kilo: das Tausendfache
griech. chilioi „tausend"
Kleine Eiszeit: eine hauptsächlich kalte Periode, die grob die Jahre 1400 bis 1850 umfasst
engl. Little Ice Age

Klima: Allgemeine Wetterbedingung für eine Gegend, wie sie sich in Temperatur, Wind, Feuchtigkeit, Niederschlag, Sonnenschein oder Wolken über einen längeren Zeitraum zeigt
griech. klima „Neigung, Zone"

Klimasensitivität: Temperaturänderung in Grad Celsius (°C) pro W/m^2 durch aufs Klima wirkendes Strahlungs-Forcing
engl. climate sensibility (CS)

Kohlenstoff: Stoff in Holz oder Kohle, der bei Verbrennung Wärme liefert; chemisches Symbol C
lat. carbo „Kohle, Holzkohle"

Kohlenstoffzyklus: die komplexen Zwischenaktionen, die Kohlenstoffspeicherung und -austausch zwischen der Biosphäre (Leben), Hydrosphäre (Ozeane, Seen, Flüsse) und Lithosphäre (Felsen und Ablagerungen) kontrollieren
engl. carbon cycle, lat. carbo + griech. kuklos „Kreis"

kombiniert: zusammengefasst, verbunden
lat. combinare, com „zusammen" + bini „je zwei"

Kompensation: Ausgleich
lat: compensatio „Ausgleich"

kompensieren: ausgleichen
lat. compensare „aufwiegen, ausgleichen"

komplex: zusammengesetzt, vielfältig, aber eine zusammengesetzte Einheit bildend
lat. complexus „umfassend"

kondensieren: dichter, konzentrierter machen, von Gas oder Dampf zu einer Flüssigkeit wechseln
lat. condensare „dicht zusammendrängen"

Konfusion: Verwirrung
lat. confusus „zusammengegossen"

Konsequenz: Folgewirkung
lat. consequentia „Folge"

Kontinent: die hauptsächlichen, sich auf der Erde kontinuierlich ausdehnenden Landmassen (Europa, Asien, Afrika, Nord- und Südamerika, Australien, Antarktik, möglicherweise auch Grönland)
lat. terra continens „zusammenhängendes Land"

kontinental: sich auf Kontinente beziehend

Konzentration: Anreicherung, Ansammlung zu einem Mittelpunkt hin
lat. con- „zusammen" + centrum „Zentrum"

kosmogene Radionuklide: spezifische elementare Isotope, die von der intergalaktischen Strahlung durch Zwischenwirkung mit der oberen Atmosphäre geformt werden
engl. cosmogenic radionuclides, von griech. kosmos „Weltordnung, Weltall" + genesis „Erzeuger, Ursprung" + lat. radius „Strahl" + griech. nucleus „Kern" + eidos „Bild"

Kreidezeit-Periode: Intervall geologischer Zeit, etwa von vor 144 bis vor 66 Millionen Jahren
engl. Cretaceous Period, lat. creta „Kalk" + griech. periodos, peri „herum" + hodos „Weg"

Kryosphäre: Eisbereiche, die die Erdoberfläche bedecken
griech. kryos „Kälte, Frost" + sphaira „Kugel, Ball"
kumulativ: sich anhäufend
lat. cumulus „ein Haufen"
kurios: Aufmerksamkeit auf sich ziehend
lat. curiosus „sorgfältig"
lapse rate (der Temperatur): betrifft die Abnahme der Temperatur mit der Höhe
lat. lapsus „gleiten, fallen" + ratus „berechnet, bestimmt"
Letzteiszeitliches Maximum: Maximum der am kürzesten zurückliegenden größeren Eiszeit, grob vor 20 000 Jahren
engl. Last Glacial Maximum
Lithosphäre: einfach ausgedrückt, die Gesamtheit der Felsen und Sedimente *griech. lithos „Stein" + sphaira „Ball"*
Maunder-Minimum: Periode minimaler Sonnenfleckenaktivität zwischen etwa 1645 und 1715
engl. maunder, früher: „betteln"
Median: das in der Mitte Befindliche; Wert oder Linie in der Mitte
lat. medianus „in der Mitte befindlich"
metrisch: auf dem Metermaß als Längeneinheit beruhend
franz. metre von griech. metron „Maß"
metrisches System: auf den Einheiten Meter, Kilogramm, Sekunde und Ampere (für Stromstärke) basierendes Maßsystem
griech. metron „Maß"+ sytema, syn „zusammensetzen" + histanai „stellen"
Metronom: Tempo-Setzer
griech. metron „Maß" + nomos „Gesetz"
Milli-: ein Tausendstel (ein Tausendstel Milligramm in einem Gramm)
lat. mille „tausend"
Million: eintausend mal eintausend
lat. mille „tausend" + roman. -one (Vergrößerungsnachsilbe)
Milliarde: tausend Millionen (im Englischen = billion)
lat. mille „tausend" + -ard (romanische Vergrößerungsnachsilbe)
Moräne: Anhäufung von Material, das entweder auf eine Gletscheroberfläche gefallen oder vom Gletscher mitgeschoben worden ist
franz. moraine „Geröll"
Mythos: lang gehegte Meinung; überlieferte Erzählung über Götter, Helden, Geister
griech. muthos „Wort, Rede, Erzählung"
Nahcolit: eine weiche und selten vorkommende Art von Natriumcarbonatmineral ($NaHCO_3$)
engl. nahcolite
Nano-: ein Milliardstel, 10^{-9} (eine Milliarde Nanometer in einem Meter)
griech. nanos „Zwerg"
Nanometer: ein Milliardstel eines Meters
griech. nanos „Zwerg" + metron „Maß"

Netto: ohne Verpackung, Unkosten, Steuern oder Ähnliches
ital. (zu pesa „Gewicht") netto „rein, unvermischt"

Nullemission: in einer Balance entspricht die Aussendung (Quelle) dem Abfangen (Senke) der Emissionen; somit Emissionen, die in Summe null betragen
ital. nulla „nichts", lat. nullus „keiner" + emittere „aussenden"

numerisch: rechnerisch mit Zahlen, häufig mit Computerberechnungen bestimmt
lat. numerus „Zahl"

Obliquity: Schiefe, Schrägheit
lat. obliquus „schräg, schief"

Olivin: hier ist besonders das magnesiumreiche Mineral aus der Mineralklasse der Silikate (... SiO_4) angesprochen

OLWR: hinausgehende langwellige Strahlung
engl. outgoing long wave radiation

Orbit: Umlaufbahn der Erde um die Sonne
lat. orbita „Kurs"

orbital: die Umlaufbahn betreffend

Paläo-: alt, ur-
griech. palaios „alt, ur"

Paläo-Klima: vergangenes Klima
griech. palaios + klima „Neigung, Zone"

Paläo-Ozeanographie: Forschung über vergangene Ozeane
griech. palaios „alt, ur" + okeanos „großer die Erde umrundender Strom" + graphein „schreiben"

Paläozän-Epoche: Intervall geologischer Zeit, etwa von vor 66 bis vor 56 Millionen Jahren
griech. palaios + kainos „neu"

Parameter: nebenbei bestehende, zu bestimmende unbekannte Größe in mathematischem Ausdruck
griech. para „neben" und metron „Maß"

partikular: auf (kleine) Teilchen bezogen
lat. particula „kleiner Teil"

Perihelium: bezüglich Erdumlaufbahn um die Sonne sonnennächster Punkt
griech. peri „um" + helius „Sonne"

Periodizität: in gleichen Abständen wiederkehrende Eigenschaft
griech. peri „um herum" + hodos „Weg"

Perm: Zeitabschnitt der Erdgeschichte vor ca. 250–300 Millionen Jahren
nach russ. Stadt Perm

Perspektive: Sicht hindurch, Blickwinkel
lat. perspicere „mit dem Blick durchdringen"

PETM: Paläozän/Eozän-Temperaturmaximum vor 56 Millionen Jahren
engl. Palaeocene-Eocene Thermal Maximum

pH: pH-Wert, chemisches Maß für die Stärke von Säure (pH kleiner als 7) oder für die Stärke einer basischen Eigenschaft (mit pH größer als 7; gleich dem negativen Logarithmus der Wasserstoffionen-Aktivität im Wasser)
p germ. „Potenz" + H griech. hudor „Wasser"

Phytoplankton: im Wasser lebende Organismen, die Photosynthese betreiben
griech. phuton „Pflanze" + planktos „umhertreibend"

Plankton: im Wasser als meist sehr kleine Pflanzen und Tiere schwebend lebende Organismen
griech. planktos „Umtreibendes"

Plattentektonik: die langsame Bewegung der kontinentalen Platten um die Welt; geologische Prozesse, die die Platten der Erdkruste mittels der Kräfte aus dem Erdinnern bewegen, gegeneinander verschieben und gestalten
griech. tektonikos „die Baukunst betreffend"

Pliozän-Epoche: Intervall geologischer Zeit, etwa von vor 5,3 bis vor 2,6 Millionen Jahren
griech. pleion „mehr" + kainos „neu"

polare Verstärkung: das Verhältnis zwischen polarer Temperaturänderung und durchschnittlicher globaler Temperaturänderung

Polyp: auf einer Unterlage festsitzende einfache Meereskreatur mit Fangarmen
griech. polupous, polys „viel" + pous „Fuß"

Portfolio: Produktvielfalt eines Unternehmens
franz. porter „tragen" und feuille „Blatt"

ppb: Teile pro Milliarde
engl. parts per billion (billion = in Deutsch „Milliarde")

ppm: Teile pro Million, *engl. parts per million*

Präsentation: Vorführung, Vorlegung
lat. praesentare, engl. place before „platzieren vor etwas"

Präzession: wie bei einem Kinderkreisel das Herumschwingen eines Körpers, während er sich gleichzeitig vergleichsweise schnell um seine Achse dreht, die dabei die Form eines Kegels abbildet
lat. praecessio „Vorangehen"

Projektion: auf etwas geworfene Abbildung
lat. proicere „vorwärtswerfen"

Proxy: indirektes Maß für ein variables Klima oder eine Ozeaneigenschaft, z. B. ist die Baumringdicke ein Proxy-Maß über die Witterungseigenschaft während eines Wachstumsjahres; ein dickerer Ring steht dabei für ein Jahr mit gutem Wachstum (etwa warm und feucht), ein dünnerer Ring für ein Jahr mit schlechterem Wachstum (etwa kalt und trocken)
lat. proximus „der Nächste"

Prozess: Serie von schrittweisen Aktionen hin zu einem bestimmten Ziel; Entwicklung, Vorgang, Verlauf
lat. procedere „Fortschreiten, Fortgang"

Radiokohlenstoff: das radioaktiv zerfallende Isotop von Kohlenstoff-14 (^{14}C)
engl. radiocarbon, lat. radius „Strahl" + lat. carbo „Kohle"

Reflexion: prüfende, vergleichende Betrachtung oder Nachdenken
lat. reflexio *„Zurückbeugung"*

Region: Gebiet, Bereich mit besonderen Charakteristika
lat. regio „Richtung, Gegend, Bereich"

relevant: dicht verbunden oder angemessen, bedeutsam
lat. relevare „aufrichten"

Rekonstruktion: Nachahmung; Wiederausarbeitung, wie es war
lat. re „wieder" + construere „zusammensetzen"

Resistenz: Widerstandsfähigkeit
lat. resistentia „Widerstand"

Respiration: Atmung
lat. respirare „breathe out"

Rückkopplung: rückwirkende Verstärkung (positive Rückwirkung) oder Abschwächung (negative Rückwirkung) auf eine auslösende Einwirkung
engl. feedback, feed „füttern" + back „zurück"

Rülpser: hörbares Aufstoßen
aus 17. Jahrhundert, lautmalend

Salzgehalt: Menge von Salz, bedeutsam für Seewasser und ein Antriebsfaktor der thermohalinen Zirkulation
engl. salinity, lat. sal „Salz"

Sapropel: gewöhnlich dunkelfarbige Sedimente, die reich an organischem Material sind
griech. sapros „faul" + „pelein „sich bewegen"

Sättigungsdampfdruck des Wassers: maximale Konzentration von Wasserdampf, den die Luft in Abhängigkeit von der Temperatur halten kann, bevor er als Feuchte niederschlägt (vergl. Clausius-Clapeyron-Gleichung)

Sättigungszustand: gibt an, wie viel von einer gewissen Substanz enthalten ist – z. B. in Ozeanwasser – relativ zur maximalen Menge, die unter den gleichen Bedingungen enthalten sein könnte

Schalen: bezüglich geologischer Ablagerungen: weicher Fels aus zusammengepressten Materialien wie Schlick und Lehm

Sediment: Material, das durch Verwitterung und Erosion zusammengebrochen und dann von Wind, Wasser oder Eis transportiert worden ist oder einfach durch Gravitation (Erdanziehung) niederfällt
lat. sedimentum „Bodensatz"

Schelfeis: schwimmende große Eisplatte oder brettartige Eisschicht
engl. ice shelf, shelf „horizontal angebrachtes Brett" + ice „Eis"

Simulation: Nachahmen, z. B. mittels Computerberechnung, zur Veranschaulichung der Natur einer Entwicklung
lat. simulare „ähnlich machen" + similis „ähnlich"

SO_2: Schwefeldioxyd
lat. sulfur „Schwefel" + griech. dis „zweifach" + franz. oxyde, griech. oxys „scharf, spitz"

Solstitium: Sonnenwende
lat. sol „Sonne" + sistere „stehen bleiben"

Source-Rocks: Quellgestein; felsartige Schichten, reich an organischem Material als Lagerstätten fossiler Energie
engl. source rocks, altfranz. source „Quelle" + lat. rocca „Fels"

spektrale Absorption: Absorption von Licht/Strahlung in spezifischen Spektralbändern (spezifische Wellenlängen)
engl. spectral absorption, lat. spectare „schauen" + absorbere „hineinsaugen"

Stefan-Boltzmann-Gesetz: Strahlungsgesetz mit Ausstrahlung im Verhältnis zur Temperatur in der 4. Potenz ($\sim T^4$) *nach den Physikern Josef Stefan und Ludwig Boltzmann, 18. Jahrhundert*

Stomata: Öffnungen in Blättern, vergleichbar mit Poren, die benutzt werden, um den Gas- und Wasserdampfaustausch von Pflanzen mit der Atmosphäre zu regulieren
griech. „Mund"

Stratosphäre: Lufthülle oberhalb etwa 10 000 Metern (zu den Tropen hin höher, zu den Polen hin niedriger), wo die Temperatur über der untersten Lufthülle, Troposphäre genannt, mit der Höhe wieder zunimmt
lat. stratum „Decke" + griech. phaira „Kugel"

System: aus vielen Teilen zusammengesetztes Gebilde
griech. systema, syn „zusammensetzen" + histanai „stellen"

Szenario: vorgeschlagene Folge von Ereignissen, Plan
griech. skene „Schattenraum, Zelt"

terrestrisch: landbezogen, zum Festland gehörig
lat. terra „Erde, Boden"

thermohaline Zirkulation: von Temperatur und Salzgehaltkonzentration stark abhängiges globales, ozeanübergreifendes Meeresströmungssystem mit Tiefenwasseraustausch in Hunderten bis grob tausend Jahren, in deutscher Literatur auch „Förderband" (Anlehnung an engl. conveyor belt) genannt, vgl. Abbildung 4.2 (für Antrieb im Nordatlantik)
griech. thermos „warm, heiß" + hals „Salz"

Treibhausgas: Gas, das als Bestandteil der Luft Wärme vom Boden nicht vollständig durch die Atmosphäre hindurchstrahlen lässt, sondern einen Teil davon aus der Atmosphäre wieder zum Boden zurückstrahlt, was den Boden etwas wärmer hält, vergleichbar damit, dass es in einem Treibhaus wärmer als außerhalb ist
deutsch „Treibhaus" + griech. chaos „wirre, gestaltlose Masse"

Triassische Periode: Intervall geologischer Zeit von vor 252 bis vor 201 Millionen Jahren, als auch die ersten Saurier aufkamen
engl. Triassic Period, lat. trias „eins einer Dreiheit oder von drei Dingen" + griech. periodos „Ringsherum-Weg"

Tropen: heiße Zone auf beiden Seiten des Äquators zwischen den Wendekreisen
griech. tropos „Drehung, Wendung"

Troposphäre: unterste Lufthülle bis etwa 10 000 Meter (zu den Tropen hin höher, bei den Polen niedriger), wo sich das Wettergeschehen abspielt
lat. tropos „Drehung, Wendung" + griech. sphaira „Kugel"

TSI: gesamte Sonnenstrahlung
engl. Total Solar Irradiance
Tundra: Gebiet der Kältesteppe nördlich der Baumgrenze
russ. tundra
Ultraviolett: Licht von kurzer Wellenlänge (10 bis 400 Nanometer), das Menschen nicht sehen können
lat. ultra „jenseits" + viola „Veilchen"
Untertauch-Zone: plattentektonischer Ausdruck für eine Zone, wo eine maritime Platte mit Sedimenten unter eine (gewöhnlich) kontinentale Platte gedrückt wird
engl. subduction zone, lat. sub „unter" + ductus „führend" + griech. zone „Gürtel"
Uran-Serien-Datierung: Altersbestimmung auf Grundlage von Uranzerfall über die Isotope ^{238}U zu ^{234}Th zu ^{234}U zu ^{230}Th (Ionium als dafür frühere Bezeichnung), schließlich zu ^{206}Pb (mit U für Uranisotop, Th für Thoriumisotop), wobei die Altersinformation in den unterschiedlichen Konzentrationsverhältnissen der Isotope steckt
Utopia: ein imaginierter Platz bzw. eine erdachte Gesellschaft oder Situation, wobei in der Vorstellung alles perfekt ist
griech. ou „nicht" und topos „Platz"
Variabilität: Veränderlichkeit; Eigenschaft, sich zu ändern oder sich ändern zu können
lat. variare „sich verändern"
Vegetation: Pflanzen allgemein mit ihrem Wachstum
lat. vegetus „belebt"
Vertrauensintervall: Konfidenzintervall; Breite eines Bereichs, für den mit einer gewissen Wahrscheinlichkeit erwartet wird, dass bestimmte Werte in ihm sind, z. B. zu 68 %
mhd. truwen „trauen" + lat. intervallum „Zwischenraum"
Vision: Sehen mit Vorstellung oder Weisheit
lat. videre „sehen"
WAIS: der Westantarktische Eisschild
engl. West Antarctic Ice Sheet
Wasserstoffbrückenbindung: mit chemischer Ionenbindung vergleichbare, jedoch schwächere Bindung (bei kleineren Ladungsunterschieden infolge der Verschiebung der Ladung von Wasserstoffatomen)
Watt: Einheit der Leistung, gleichbedeutend mit einem Joule (Maßeinheit für Wärmemenge, nach engl. Physiker J. P. Joule) pro Sekunde
engl. Ingenieur James Watt, 1736–1819
Wendekreis: geographischer Breitenkreis, bei dem die Sonne ihren Wendkreis (höchsten oder tiefsten Stand) erreicht hat
got. wandjan „sich wenden" + ahd. kreiz „Kreis, Eingrenzung"
willkürlich: vom Willen oder von einer Absicht gelenkt, selbstherrlich
mhd. wilkür „Willenswahl, freier Wille"
Zenit: Höhepunkt, senkrecht über ebenem Erdboden
arab. „Richtung der Köpfe"
Zyklus: Kreislauf, regelmäßige Wiederkehr; Folge, Zusammenfassung mehrerer Dinge
griech. kyklos „Kreis"

NOTIZEN

Kapitel 1

1. Knutti, R., Rogelj, J., Sedláček, J., and Fisher, E.M., A scientific critique of the two-degree climate change target. *Nature Geoscience, 9*, 13–18, 2016.
2. Hansen, J., Kharecha, P., Sato, M., Masson-Delmotte, V., Ackerman, F., Beerling, D., Hearty, P.J., Hoegh-Guldberg, O., Hsu, S.-L., Parmesan, C., Rockstrom, J., Rohling, E.J., Sachs, J., Smith, P., Steffen, K., Van Susteren, L., von Schuckmann, K., and Zachos, J.C., Assessing "dangerous climate change": Required reduction of carbon emissions to protect young people, future generations and nature. *PLoS ONE, 8*, e81648, doi:10.1371/journal.pone.0081648, 2013.
3. Mann, M.E., Earth will cross the climate danger threshold by 2036. *Scientific American*, April 1, 2014. http://www.scientificamerican.com/article/earth-will-cross-the-climate-danger-threshold-by-2036/
4. For example: Japan Meteorological Agency; UK Hadley Centre; US National Oceanic and Atmospheric Administration (NOAA) and National Climatic Data Center (NCDC); US NASA-GISS (Goddard Institute for Space Studies); US Berkeley Earth.
5. http://ds.data.jma.go.jp/tcc/tcc/products/gwp/temp/ann_wld.html

Kapitel 2

6. Parrenin, F., Barnola, J.M., Beer, J., Blunier, T., Castellano, E., Chapellaz, J., Dreyfus, G., Fischer, H., Fujita, S., Jouzel, J., Kawamura, K.,

Lemieux-Dudon, B., Loulergue, L., Masson-Delmotte, V., Narcisi, B., Petit, J.R., Raisbeck, G., Raynaud, D., Ruth, U., Schwander, J., Severi, M., Spanhi, R., Steffensen, J.P., Svensson, A., Udisti, R., Waelbroeck, C., and Wolff, E., The EDC3 chronology for the EPICA Dome C ice core. *Climate of the Past, 3*, 485–497, 2007.

7. Siegenthaler, U., Stocker, T.F., Monnin, E., Lüthi, D., Schwander, J., Stauffer, B., Raynaud, D., Barnola, J.M., Fischer, H., Masson-Delmotte, V., and Jouzel, J., Stable carbon cycle–climate relationship during the Late Pleistocene. *Science, 310*, 1313–1317, 2005.
8. Lüthi, D., Le Floch, M., Bereiter, B., Blunier, T., Barnola, J.M., Siegenthaler, U., Raynaud, D., Jouzel, J., Fischer, H., Kawamura, K., and Stocker, T., High-resolution carbon dioxide concentration record 650,000–800,000 years before present. *Nature, 453*, 379–382, 2008.
9. Spahni, R., Chapellaz, J., Stocker, T.F., Loulergue, L., Hausammann, G., Kawamura, K., Flückiger, J., Schwander, J., Raynaud, D., Masson-Delmotte, V., and Jouzel, J., Atmospheric methane and nitrous oxide of the Late Pleistocene from Antarctic ice cores. *Science, 310*, 1317–1321, 2005.
10. Loulergue, L., Schilt, A., Spanhi, R., Masson-Delmotte, V., Blunier, T., Lemieux, B., Barnola, J.M., Raynaud, D., Stocker, T.F., and Chapellaz, J., Orbital and millennial-scale features of atmospheric CH_4 over the past 800,000 years. *Nature, 453*, 383–386, 2008.
11. Cheng, H., Edwards, R.L., Broecker, W.S., Denton, G.H., Kong, X., Wang, Y., Zhang, R., and Wang, X., Ice age terminations. *Science, 326*, 248–252 (2009).
12. Cheng, H., Zhang, P.Z., Spötl, C., Edwards, R.L., Cai, Y.J., Zhang, D.Z., Sang, W.C., Tan, M., and An, Z.S., The climatic cyclicity in semiarid-arid central Asia over the past 500,000 years. *Geophysical Research Letters, 39*, L01705, doi:10.1029/2011GL050202, 2012.
13. Bar-Matthews, M., Ayalon, A., Gilmour, M., Matthews, A., and Hawkesworth, C.J., Sea–land oxygen isotopic relationships from planktonic foraminifera and speleothems in the Eastern Mediterranean region and their implication for paleorainfall during interglacial intervals. *Geochimica et Cosmochimica Acta, 67*, 3181–3199, 2003.
14. Esper, J., Frank, D.C., Timonen, M., Zorita, E., Wilson, R.J.S., Luterbacher, J., Hozkämper, S., Fischer, N., Wagner, S., Nievergelt, D., Verstege, A., and Büntgen, U., Orbital forcing of tree-ring data. *Nature Climate Change, 2*, 862–866, 2012.
15. Allen, J.R., Brandt, U., Brauer, A., Hubberten, H.W., Huntley, B., Keller, J., Kraml., M., Mackensen, A., Mingram, J., Negendank, J., Nowaczuk, N.R., Oberhänsli, H., Watts, W.A., Wulf, S., and Zolitschka, B., Rapid environmental changes in southern Europe during the last glacial period. *Nature, 400*, 740–743, 1999.

16. Zolitschka, B., Brauer, A., Negendank, J., Stockhausen, H., and Lang, A., Annually dated late Weichselian continental palaeoclimate record from the Eifel, Germany. *Geology, 28*, 783–786, 2000.
17. Torfstein, A., Goldstein, S.L., Kagan, E., and Stein, M., Integrated multi-site U-Th chronology of the last glacial Lake Lisan. *Geochimica et Cosmochimica Acta, 104*, 210–231, 2013.
18. Torfstein, A., Goldstein, S.L., Stein, M., and Enzel, Y., Impacts of abrupt climate changes in the Levant from last glacial Dead Sea levels. *Quaternary Science Reviews, 69*, 1–7, 2013.
19. Rohling, E.J., Quantitative assessment of glacial fluctuations in the level of Lake Lisan, Dead Sea rift. *Quaternary Science Reviews, 70*, 63–72, 2013.
20. Broecker, W.S., and Denton, G.H., What drives glacial cycles? *Scientific American, 262*, 48–56, 1990.
21. Kuhlemann, J., Rohling, E.J., Kumrei, I., Kubik, P., Ivy-Ochs, S., and Kucera, M., Regional synthesis of Mediterranean atmospheric circulation during the Last Glacial Maximum. *Science, 321*, 1338–1340, doi:10.1126/science.1157638, 2008.
22. Mayewski, P.A., Rohling, E.J., Stager, J.C., Karlén, W., Maasch, K., Meeker, L.D., Meyerson, E., Gasse, F., Van Kreveld, S., Holmgren, K., Lee-Thorp. J., Rosqvist, G., Rack, F., Staubwasser, M., Schneider, R.R., and Steig, E., Holocene climate variability. *Quaternary Research, 62*, 243–255, 2004.
23. Kürschner, W.M., van der Burgh, J., Visscher, H., and Dilcher, D.L., Oak leaves as biosensors of late Neogene and early Pleistocene paleoatmospheric CO_2 concentrations. *Marine Micropaleontology, 27*, 299–312, 1996.
24. Retallack, G.J., A 300-million-year record of atmospheric carbon dioxide from fossil plant cuticles. *Nature, 411*, 287–290, 2001.
25. Schefuß, E., Schouten, S., and Schneider, R.R., Climatic controls on central African hydrology during the past 20,000 years. *Nature, 437*, 1003–1006, 2005.
26. Tierney, J.E., Russell, J.M., Huang, Y., Sinninghe-Damsté, J.S., Hopmans, E.C., and Cohen, A.S., Northern hemisphere controls on tropical southeast African climate during the past 60,000 years. *Science, 322*, 252–255, 2008.
27. Tierney, J.E., Lewis, S.C., Cook, B.I., LeGrande, A.K., and Schmidt, G.A., Model, proxy and isotopic perspectives on the East African Humid Period. *Earth and Planetary Science Letters, 307*, 103–112, 2011.
28. Lourens, L.J., Antonarakou, A., Hilgen, F.J., Van Hoof, A.A.M., Vergnaud-Grazzini, C., and Zachariasse, W.J., Evaluation of the Plio-Pleistocene astronomical time-scale. *Paleoceanography, 11*, 391–413, 1996.
29. Lourens, L.J., Wehausen, R., and Brumsack, H.J., Geological constraints on tidal dissipation and dynamical ellipticity of the earth over the past three million years. *Nature, 409*, 1029–1033, 2001.
30. Wade, B.S., Pearson, P.N., Berggren, W.A., and Pälike, H., Review and revision of Cenozoic tropical planktonic foraminiferal biostratigraphy and calibration

to the Geomagnetic Polarity and Astronomical Time Scale. *Earth Science Reviews, 104,* 111–142, 2011.

31. Pälike, H., Laskar, J., and Shackleton, N.J., Geological constraints on the chaotic diffusion of the Solar System. *Geology, 32,* 929–932, 2004.
32. Pälike, H., and Shackleton, N.J., Constraints on astronomical parameters from the geological record for the last 25 My. *Earth and Planetary Science Letters, 182,* 1–14, 2000.
33. Rohling, E.J., and Cooke, S., Stable oxygen and carbon isotope ratios in foraminiferal carbonate, chapter 14 in B.K. Sen Gupta (ed.), *Modern Foraminifera.* Kluwer Academic, Dordrecht, The Netherlands, pp. 239–258, 1999.
34. Yu, J., Anderson, R.F., and Rohling, E.J., Deep ocean carbonate chemistry and glacial-interglacial atmospheric CO_2 changes. *Oceanography, 27,* 16–25, 2014.
35. Broecker, W.S., and Peng, T.-H., The role of $CaCO_3$ compensation in the glacial to interglacial atmospheric CO_2 change. *Global Biogeochemical Cycles, 1,* 15–29, 1987.
36. Zachos, J.C., Röhl, U., Schellenberg, S.A., Sluijs, A., Hodell, D.A., Kelly, D.C., Thomas, E., Nicolo, M., Raffi, I., Lourens, L.J., McCarren, H., and Kroon, D., Rapid acidification of the ocean during the Paleocene-Eocene Thermal Maximum. *Science, 308,* 1611–1615, 2005.
37. Zeebe, R.E., Zachos J.C., and Dickens, G.R., Carbon dioxide forcing alone insufficient to explain Palaeocene–Eocene Thermal Maximum warming. *Nature Geoscience, 2,* 576–580, 2009.
38. Van Andel, T.H., Heath, G.R., and Moore, T.C. Jr., Cenozoic history and paleoceanography of the central equatorial Pacific Ocean: a regional synthesis of Deep Sea Drilling Project data. *Geological Society of America, 143,* 1–134, 1975.
39. Pälike, H., Lyle, M.W., Nishi, H., Raffi, I., Ridgwell, A., Gamage, K., Klaus, A., Acton, G., Anderson, L., Backman, J., Baldauf, J., Beltran, C., Bohaty, S.M., Bown, P., Busch, W., Channell, J.E.T., Chun, C.O.J., Delaney, M., Dewangan, P., Dunkley Jones, T, Edgar, K.M., Evans, H., Fitch, P., Foster, G.L., Gussone, N., Hasegawa, H., Hathorne, E.C., Hayashi, H., Herrle, J.O., Holbourn, A., Hovan, S., Hyeong, K., Iijima, K., Ito, T., Kamikuri, S., Kimoto, K., Kuroda, J., Leon-Rodriguez, L., Malinverno, A., Moore, T.C. Jr., Murphy, B.H., Murphy, D.P., Nakamura, H., Ogane, K., Ohneiser, C., Richter, C., Robinson, R., Rohling, E.J., Romero, O., Sawada, K., Scher, H., Schneider, L., Sluijs, A., Takata, H., Tian, J., Tsujimoto, A., Wade, B.S., Westerhold, T., Wilkens, R., Williams, T., Wilson, P.A., Yamamoto, Y., Yamamoto, S., Yamazaki, T., and Zeebe, R.E., A Cenozoic record of the equatorial Pacific carbonate compensation depth. *Nature, 488,* 609–614, 2012.
40. Elderfield, H., Ferretti, P., Greaves, M., Crowhurst, S., Mccave, I.N., Hodell, D., and Piotrowski, A.M., Evolution of ocean temperature and ice volume through the Mid- Pleistocene Climate Transition. *Science, 337,* 704–709, 2012.

41. Lear, C.H., Bailey, T.R., Pearson, P.N., Coxall, H.K., and Rosenthal, Y., Cooling and ice growth across the Eocene-Oligocene transition. *Geology, 36,* 251–254, 2008.
42. Rohling, E.J., Foster, G.L., Grant, K.M., Marino, G., Roberts, A.P., Tamisiea, M.E., and Williams, F., Sea-level and deep-sea-temperature variability over the past 5.3 million years. *Nature, 508,* 477–482, 2014.
43. Grant, K.M., Rohling, E.J., Bar-Matthews, M., Ayalon, A., Medina-Elizalde, M., Bronk Ramsey, C., Satow, C., and Roberts, A.P., Rapid coupling between ice volume and polar temperature over the past 150 kyr. *Nature, 491,* 744–747, 2012.
44. Rohling, E.J., Fenton, M., Jorissen, F.J., Bertrand, P., Ganssen, G., and Caulet, J.P., Magnitudes of sea-level lowstands of the past 500,000 years. *Nature, 394,* 162–165, 1998.
45. Siddall, M., Rohling, E.J., Almogi-Labin, A., Hemleben, Ch., Meischner, D., Schmeltzer, I., and Smeed, D.A., Sea-level fluctuations during the last glacial cycle. *Nature, 423,* 853–858, 2003.
46. Shennan, I., Long, A.J., and Horton, B.P. (eds.), *Handbook of Sea-Level Research.* American Geophysical Union, John Wiley & Sons, 600 pp., ISBN: 978-1-118-45258-5, 2015.
47. http://strata.uga.edu/sequence/index.html
48. http://www.searchanddiscovery.com/pdfz/documents/2010/40594snedden/ndx_snedden.pdf.html

Kapitel 3

49. Pollack, H.N., Hurter, S.J., and Johnson, J.R., Heat flow from the Earth's interior: analysis of the global data set. *Reviews of Geophysics, 31,* 267–280, 1993.
50. The KamLAND Collaboration, Partial radiogenic heat model for Earth revealed by geoneutrino measurements. *Nature Geoscience, 4,* 647–651, 2011.
51. Rohling, E.J., Medina-Elizalde, M., Shepherd, J.G., Siddall, M., and Stanford, J.D., Sea surface and high-latitude temperature sensitivity to radiative forcing of climate over several glacial cycles. *Journal of Climate, 25,* 1635–1656, 2012.
52. Rohling, E.J., *The oceans: a deep history.* Princeton University Press, 272 pp., 2017. ISBN9781400888665
53. Tyndall, J., *Contributions to Molecular Physics in the Domain of Radiant Heat*—A series of memoirs published in the "Philosophical Transactions and Philosophical Magazine," with additions. Longmans, Green, and Co., London, 450 pp., 1872.

54. Arrhenius, S., On the influence of carbonic acid in the air upon the temperature of the ground. *The London, Edinburgh, and Dublin Philosophical Magazine and Journal of Science, 5*, 237–275, 1896.
55. Feulner, G., The faint young Sun problem. *Reviews of Geophysics, 50*, RG2006, 10.1029/2011RG000375, 29 pp., 2012.
56. http://www.engineeringtoolbox.com/water-vapor-saturation-pressure-air-d_689.html
57. Pierrehumbert, R.T., Thermostats, radiator fins, and the local runaway greenhouse. *Journal of the Atmospheric Sciences, 52*, 1784–1806, 1995 (especially figure 2 in that study).
58. Royer, D.L., Pagani, M., and Beerling, D.J. Geobiological constraints on Earth system sensitivity to CO_2 during the Cretaceous and Cenozoic. *Geobiology, 10*, 298–310, 2012.
59. PALAEOSENS Project Members (Rohling, E.J., Sluijs, A., Dijkstra, H.A., Köhler, P., van de Wal, R.S.W., von der Heydt, A.S., Beerling, D., Berger, A., Bijl, P.K., Crucifix, M., deConto, R., Drijfhout, S.S., Fedorov, A., Foster, G., Ganopolski, A., Hansen, J., Hönisch, B., Hooghiemstra, H., Huber, M., Huybers, P., Knutti, R., Lea, D.W., Lourens, L.J., Lunt, D., Masson-Demotte, V., Medina-Elizalde, M., Otto-Bliesner, B., Pagani, M., Pälike, H., Renssen, H., Royer, D.L., Siddall, M., Valdes, P., Zachos, J.C., and Zeebe, R.E.), Making sense of palaeoclimate sensitivity. *Nature, 491*, 683–691, 2012.
60. Martínez-Botí, M.A., Foster, G.L., Chalk, T.B., Rohling, E.J., Sexton, P.F., Lunt, D.J., Pancost, R.D., Badger, M.P.S., and Schmidt, D.N., Plio-Pleistocene climate sensitivity evaluated using high-resolution CO_2 records. *Nature, 518*, 49–53, 2015.
61. Hublin, J.J., Ben-Ncer, A., Bailey, S., Freidline, S.E., Neubauer, S., Skinner, M.M., Bergmann, I., La Cabec, A., Benazzi, S., Harvati, K., and Gunz, P., New fossils from Jebel Irhoud, Morocco and the pan-African origin of Homo sapiens. *Nature, 546*, 289–292, 2017.

Kapitel 4

62. Royer, D.L., Berner, R.A., Montañez, I.P., Tabor, N.J., and Beerling, D.J., CO_2 as primary driver of Phanerozoic climate. *GSA Today, 14*, 4–10, 2004.
63. Cui, Y., Kump, L.R., Ridgwell, A.J., Charles, A., Junium, C.K., Diefendorf, A.F., Freeman, K.H., Urban, N.M., and Harding, I.C., Slow release of fossil carbon during the Palaeocene-Eocene Thermal Maximum. *Nature Geoscience, 4*, 481–485, 2011.
64. Zeebe, R.E., Ridgwell, A., and Zachos, J.C., Anthropogenic carbon release rate unprecedented during the past 66 million years, *Nature Geoscience, 9*, 325–329, 2016.

65. http://co2now.org/Current-CO2/CO2-Now/global-carbon-emissions.html
66. Suchet, P.A., Probst, J.-L., and Ludwig, W., Worldwide distribution of continental rock lithology: Implications for the atmospheric/soil CO_2 uptake by continental weathering and alkalinity river transport to the oceans, *Global Biogeochemical Cycles, 17*, 1038, doi:10.1029/2002GB001891, 2003.
67. http://www.pmel.noaa.gov/co2/story/What+is+Ocean+Acidification%3F
68. Caldeira, K., and Wickett, M.E., Oceanography: anthropogenic carbon and ocean pH. *Nature, 425*, p. 365, 2003.
69. Van Nes, E, Scheffer, M., Brovkin, V., Lenton, T.M., Ye, H., Deyle, E., and Sugihara, G., Causal feedbacks in climate change. *Nature Climate Change, 5*, 445–448, 2015.
70. Zeebe, R.E., Zachos, J.C., Caldeira, K., and Tyrrell, T., Carbon emissions and acidification. *Science, 321*, 51–52, 2008.
71. http://www.ipcc.ch/report/ar5/wg1/
72. Hansen, J., Sato, M., Kharecha, P., von Schukmann, K., Beerling, D.J., Cao, J., Marcott, S., Masson-Delmotte, V., Prather, M.J., Rohling, E.J., Shakun, J., Smith, P., Lacis, A., Russell, G., and Ruedy, R., Young people's burden: requirement of negative CO_2 emissions. *Earth System Dynamics, 8*, 577–616, 2017.
73. Sundquist, E.T., The global carbon dioxide budget. *Science, 259*, 934–941, 1993.
74. Ciais, P., Tagliabue, A., Cuntz, M., Bopp, L., Scholze, M., Hoffmann, G. Lourantou, A., Harrison, S.P., Prentice, I.C., Kelley, D.I., Koven, C., and Piao, S.L., Large inert carbon pool in the terrestrial biosphere during the Last Glacial Maximum. *Nature Geoscience, 5*, 74–79, 2012.
75. Martínez-Botí, M.A., Marino, G., Foster, G.L., Ziveri, P., Henehan, M.J., Rae, J.W.B., Mortyn, P.G., and Vance, D., Boron isotope evidence for oceanic carbon dioxide leakage during the last deglaciation. *Nature, 518*, 219–222, 2015.
76. Rohling, E.J., Marino, G., Foster, G.L., Goodwin, P.A., von der Heydt, A.S., and Köhler, P., Comparing climate sensitivity, past and present. *Annual Review of Marine Science, 10*, 261–288, 2018. http://www.annualreviews.org/doi/10.1146/annurev-marine-121916-063242
77. Imbrie, J., and Imbrie, K.P., *Ice ages: solving the mystery.* Harvard University Press, Cambridge, Massachusetts, 224 pp., 1986.
78. Milankovitch, M., Kanon der Erdbestrahlung und seine Anwendung auf das Eiszeitenproblem, *Special Publication 133, Mathematics and Natural Sciences Section*. Royal Serbian Academy, Belgrade, 1941.
79. Burton, M., and Salerno, G., Global volcanic CO_2 fluxes have been underestimated due to neglect of light scattering processes. *Geophysical Research Abstracts, 16*, EGU2014–11340, 2014.
80. Andres, R.J., and Kasgnoc, A.D., A time-averaged inventory of volcanic sulphur emissions. *Journal of Geophysical Research, 103*, 22251–22261, 1998.
81. http://earthobservatory.nasa.gov/Features/Volcano/

82. Luterbacher, J., and Pfister, C., The year without a summer. *Nature Geoscience, 8*, 246–248, 2015.
83. http://en.wikipedia.org/wiki/Supervolcano
84. http://en.wikipedia.org/wiki/Large_igneous_province
85. Vellekoop, J., Sluijs, A., Smit, J., Schouten, S., Weijers, J.W.H., Sinninghe Damsté, J.S., and Brinkhuis, H., Rapid short-term cooling following the Chicxulub impact at the Cretaceous-Paleogene boundary. *Proceedings of the National Academy of Sciences of the USA, 111*, 7537–7541, 2014.
86. Viera, L.E.A., Solanski, S.K., Krivova, N.A., and Usoskin, I. Evolution of the solar irradiance during the Holocene. *Astronomy and Astrophysics, 531*, A6, 2011. DOI: 10.1051/0004-6361/201015843.
87. Solanski, S.K., Krivova, N.A., and Haigh, J.D., Solar irradiance variability and climate. *Annual Review of Astronomy and Astrophysics, 51*, 311–351, 2013.
88. Maasch, K.A., Mayewski, P.A., Rohling, E.J., Stager, J.C., Karlen, W., Meeker, L.D., and Meyerson, E.A., A 2000 year context for modern climate change. *Geografiska Annaler, 87A*, 7–15, 2005.
89. Cini-Castagnoli, G., Bernasconi, S.M., Bonino, G., Della Monica, P., and Taricco, C., 700 Year record of the 11 year solar cycle by planktonic foraminifera of a shallow water Mediterranean core. *Advances in Space Research, 24*, 233–236, 1999.
90. https://www.imperial.ac.uk/media/imperial-college/grantham-institute/public/publications/briefing-papers/Solar-Influences-on-Climate---Grantham-BP-5.pdf

Kapitel 5

91. http://www.oco.noaa.gov/roleofOcean.html
92. http://www.nodc.noaa.gov/OC5/3M_HEAT_CONTENT/
93. http://en.wikipedia.org/wiki/Ocean
94. http://wps.prenhall.com/wps/media/objects/7002/7170523/FG03_04.JPG
95. Roemmich, D., Church, J., Gilson, J., Monselesan, D., Sutton, P., and Wijffels, S., Unabated planetary warming and its ocean structure since 2006. *Nature Climate Change, 5*, 240–245, 2015.
96. Lyman, J.M., Good, S.A., Gouretski, V.V., Ishii, M., Johnson, G.C., Palmer, M.D., Smith, D.M., and Willis, J.K., Robust warming of the global upper ocean. *Nature, 465*, 334–337, 2010.
97. Resplandy, L., Keeling, R.F., Eddebbar, Y., Brooks, M.K., Wang, R., Bopp, L., Long, M.C., Dunne, J.P., Koeve W., and Oschlies, A., Quantification of ocean heat uptake from changes in atmospheric O_2 and CO_2 composition. *Nature, 563*, 105–108, 2018.

98. Figure SPM-05 in http://www.ipcc.ch/report/graphics/index.php?t=Assessment%20Reports&r=AR5%20-%20WG1&f=SPM
99. Goodwin, P.A., Katavouta, A., Roussenov, V.M., Foster, G.L., Rohling, E.J., and Williams, R.G., Pathways to 1.5°C and 2°C warming based on observational and geological constraints. *Nature Geoscience, 11,* 102–107, 2018.
100. Bousquet, P., Ciais, P., Miller, J.B., Dlugokencky, E.J., Hauglustaine, D.A., Prigent, C., Van der Werf, G.R., Peylin, P., Brunke, E.G., Carouge, C., Langenfelds, R.L., Lathière, J., Ramonet, M., Schmidt, M., Steele, L.P., Tyler, S.C., and White, J., Contribution of anthropogenic and natural sources to atmospheric methane variability. *Nature, 443,* 439–443, 2006.
101. http://www.grida.no/publications/other/ipcc_tar/?src=/climate/ipcc_tar/wg1/134.htm
102. http://www.esrl.noaa.gov/gmd/ccgg/trends/
103. http://www.esrl.noaa.gov/gmd/ccgg/trends/history.html
104. http://www.ipcc.ch/publications_and_data/ar4/wg1/en/tssts-2-1-1.html
105. Foster, G.L., and Rohling, E.J., Relationship between sea level and climate forcing by CO_2 on geological timescales. *Proceedings of the National Academy of Sciences of the USA, 110,* 1209–1214, 2013.
106. Chalk, T.B., Hain, M.P., Foster, G.L., Rohling, E.J., Sexton, P.F., Badger, M.P.S., Cherry, S.G., Hasenfratz, A.P., Haug, G.H., Jaccard, S.L., Martínez-García, A., Pälike, H., Pancost, R.D., and Wilson, P.A., Causes of ice-age intensification across the Mid-Pleistocene Transition. *Proceedings of the National Academy of Sciences of the USA, 114,* 13114–13119, 2017.
107. Huang, J., and McElroy, M.B., The contemporary and historical budget of atmospheric CO_2. *Canadian Journal of Physics,* 90, 707–716, 2012.
108. Stuiver, M., Burk, R.L., and Quay, P.D., $^{13}C/^{12}C$ ratios in tree rings and the transfer of biospheric carbon to the atmosphere. *Journal of Geophysical Research, 89,* 11731–11748, 1984.
109. Francey, R.J., Allison, C.E., Etheridge, D.M., Trudinger, C.M., Enting, I.G., Leuenberger, M., Langenfelds, R.L., Michel, E., and Steele, L.P., A 1000-year high precision record of $\delta^{13}C$ in atmospheric CO_2. *Tellus, 51B,* 170–193, 1999.
110. Quay, P.D., Tilbrook, B., and Wong C.S., Oceanic uptake of fossil fuel CO_2: carbon-13 evidence. *Science, 256,* 74–79, 1992.
111. Wei, G., McCulloch, M.T., Mortimer, G., Deng, W., and Xie, L., Evidence for ocean acidification in the Great Barrier Reef of Australia. *Geochimica et Cosmochimica Acta, 73,* 2332–2346, 2009.
112. Tans, P.P., de Jong, A.F.M., and Mook, W.G., Natural atmospheric ^{14}C variation and the Suess effect. *Nature, 280,* 826–828, 1979.
113. http://www.esrl.noaa.gov/gmd/outreach/isotopes/c14tellsus.html
114. Held, I.M., and Soden, B.J., Robust responses of the hydrological cycle to global warming. *Journal of Climate, 19,* 5686–5699, 2006.

115. Seidel, D.J., Fu, Q., Randel, W.J., and Reichler, T.J., Widening of the tropical belt in a changing climate. *Nature Geoscience, 1*, 21–24, 2008.
116. Isaac, J., and Turton, S., Expansion of the tropics: evidence and implications, Essay 5 in *State of the Tropics, 2014 report*, http://stateofthetropics.org/state-of-the-tropics-the-essays, 2014.
117. Parmesan, C., Ecological and evolutionary responses to recent climate change. *Annual Review of Ecology, Evolution, and Systematics, 37*, 637–669, 2006.
118. Poloczanska, E.S., Brown, C.J., Sydeman, W.J., Kiessling, W., Schoeman, D.S., Moore, P.J., Brander, K., Bruno, J.F., Buckley, L.B., Burrows, M.T., Duarte, C.M., Halpern, B.S., Holding, J., Kappel., C.V., O'Connor, M.I., Pandolfi, J.M., Parmesan, C., Schwing, F., Thompson, S.A., and Richardson, A.J., Global imprint of climate change on marine life. *Nature Climate Change, 3*, 919–925, 2013.
119. Hoegh-Guldberg, O., and Bruno, J.F. The impact of climate change on the world's marine ecosystems. *Science, 328*, 1523–1528, 2010.
120. Seimon, T.A., Seimon, A., Daszak, P., Halloy, S.R.P., Schloegel, L.M., Aguilar, C.A., Sowell, P., Hyatt, A.D., Konecky, B., and Simmons, J.E., Upward range extension of Andean anurans and chytridiomycosis to extreme elevations in response to tropical deglaciation. *Global Change Biology, 13*, 288–299, 2007.
121. De Vos, J.M., Joppa, L.N., Gittleman, J.L., Stephens, P.R., and Pimm, S.L., Estimating the normal background rate of species extinction. *Conservation Biology, 29*, 452–462, 2014.
122. Mora, C., Dousset, B., Caldwell, I.R., Powell, F.E., Geronimo, R.C., Bielecki, C.R., Counsell, C.W.W., Dietrich, B.S., Johnston, E.T., Louis, L.V., Lucas, M.P., McKenzie, M.M., Shea, A.G., Tseng, H., Giambelluca, T.W., Leon, L.R., Hawkins, E., and Trauernicht, C., Global risk of deadly heat. *Nature Climate Change, 7*, 501–506, 2017.
123. https://cosmosmagazine.com/geoscience/perfect-storm-threatens-the-world-s-reefs
124. Hughes, T.P., Anderson, K.D., Connolly, S.R., Heron, S.F., Kerry, J.T., Lough, J.M., Baird, A.H., Baum, J.K., Berumen, M.L., Bridge, T.C., Claar, D.C., Eakin, C.M., Gilmour, J.P., Graham, N.A.J., Harrison, H., Hobbs, J.P.A., Hoey, A.S., Hoogenboom, M., Lowe, R.J., McCulloch, M.T., Pandolfi, J.M., Pratchett, M., Schoepf, V., Torda, G., and Wilson, S.K., Spatial and temporal patterns of mass bleaching of corals in the Anthropocene. *Science, 359*, 80–83, 2018.
125. Laliberté, F., Zika, J., Mudryk, L., Kushner, P.J., Kjellsson, J., and Döös, K., Constrained work output of the moist atmospheric heat engine in a warming climate. *Science, 347*, 540–543, 2015.
126. http://www.aoml.noaa.gov/hrd/tcfaq/tcfaqHED.html
127. https://oceantoday.noaa.gov/hurricanestormsurge/
128. Kossin, J.P., Emanuel, K.A., and Vecchi, G.A., The poleward migration of the location of tropical cyclone maximum intensity. *Nature, 509*, 349–352, 2014.

129. Lucas, C., Timbal, B., and Nguyen, H., The expanding tropics: a critical assessment of the observational and modeling studies. *WIREs Climate Change, 5*, 89–112, 2014.
130. Haarsma, R.J., Hazeleger, W., Severijns, C., de Vries, H., Sterl, A., Bintanja, R., van Oldenburgh, G.J., and van den Brink, H., More hurricanes to hit western Europe due to global warming. *Geophysical Research Letters, 40*, 1783–1788, 2013.
131. Emanuel, K., Increasing destructiveness of tropical cyclones over the past 30 years. *Nature, 436*, 686–688, 2005.
132. ftp://texmex.mit.edu/pub/emanuel/PAPERS/Haurwitz_2008.pdf
133. Westbrook, G.K., Thatcher, K.E., Rohling, E.J., Piotrowski, A.M., Pälike, H., Osborne, A.H., Nisbet, E.G., Minshull, T.A., Lanoisellé, M., James, R.H., Hühnerbach, V., Green, D., Fisher, R.E., Crocker, A.J., Chabert, A., Bolton, C., Beszczynska-Möller, A., Berndt, C., and Aquilina, A., Escape of methane gas from the seabed along the West Spitsbergen continental margin. *Geophysical Research Letters, 36*, L15608, doi:10.1029/2009GL 039191, 2009.
134. http://www.swerus-c3.geo.su.se/index.php/swerus-c3-in-the-media/news/177-swerus-c3-first-observations-of-methane-release-from-arctic-ocean-hydrates
135. http://www.realclimate.org/index.php/archives/2014/08/how-much-methane-came-out-of-that-hole-in-siberia/
136. Mann, M.E., Rahmstorf, S., Kornhuber, K., Steinman, B.A., Miller, S.K., and Coumou, D., Influence of anthropogenic climate change on planetary wave resonance and extreme weather events. *Scientific Reports, 7*, 45242, 2017. doi:10.1038/srep45242
137. Kretschmer, M., Coumou, D., Agel, L., Barlow, M., Tziperman, E., and Cohen, J., More-persistent weak stratospheric polar vortex states linked to cold extremes. *Bulletin of the American Meteorological Society, January 2018*, 49–60, 2018. doi: 10.1175/BAMS-D-16-0259.1
138. Forzeri, G., Cescatti, A., Batista e Silva, F., and Feyen, L., Increasing risk over time of weather-related hazards to the European population: a data-driven prognostic study. *Lancet Planet Health, 1*, e200–e208, 2017.
139. Hoegh-Guldberg, O., Mumby, P.J., Hooten, A.J., Steneck, R.S., Greenfield, P., Gomez, E., Harvell, C.D., Sale, P.F., Edwards, A.J., Caldeira, K., Knowlton, N., Eakin, C.M., Iglesias-Prieto, R., Muthiga, N., Bradbury, R.H., Dubi, A., and Hatziolos, M.E., Coral reefs under rapid climate change and ocean acidification. *Science, 318*, 1737–1742, 2007.
140. Veron, J.E., Hoegh-Guldberg, O., Lenton, T.M., Lough, J.M., Obura, D.O., Pearce-Kelly, P., Sheppard, C.R.C., Spalding, M., Stafford-Smith M.G., and Rogers, A.D., The coral reef crisis: The critical importance of <350 ppm CO_2. *Marine Pollution Bulletin, 58*, 1428–1436, 2009.

141. Kroeker, K.J., Kordas, R.L., Crim, R., Hendriks, I.E., Ramajo, L., Singh, G.S., Duarte, C.M., and Gattuso, J.P., Impacts of ocean acidification on marine organisms: quantifying sensitivities and interaction with warming. *Global Change Biology, 19*, 1884–1896, 2013.

142. Ekstrom, J.A., Suatoni, L., Cooley, S., Pendleton, L.H., Waldbusser, G.G., Cinner, J.E., Ritter, J., Langdon, C., van Hooidonk, R., Gledhill, D., Wellman, K., Beck, M.W., Brander, L.M., Rittschof, D., Doherty, C., Edwards, P.E.T., and Pertela, R., Vulnerability and adaptation of US shellfisheries to ocean acidification. *Nature Climate Change, 5*, 207–214, 2015.

143. O'Dea, S.A., Gibbs, S.J., Brown, P.R., Young, J.R., Poulton, A.J., Newsam, C., and Wilson, P.A., Coccolithophore calcification response to past ocean acidification and climate change. *Nature Communications, 5*, 7 pp., DOI: 10.1038/ncomms6363, 2014.

144. Dessler, A., & Forster, P., An estimate of equilibrium climate sensitivity from interannual variability, February 6, 2018. Retrieved from eartharxiv.org/4et67

145. Cox, P.M., Huntingford, C., and Williamson, M.S., Emergent constraint on equilibrium climate sensitivity from global temperature variability. *Nature* 553, 319–322, 2018.

146. Copenhagen Accord (2009) United Nations Framework Convention on Climate Change, Draft decision 2/CP.15 FCCC/CP/2009/L.7 18 December 2009.

147. Randalls, S., History of the 2°C climate target. *WIREs Climate Change, 1*, 598–605, 2010.

148. International Symposium on the stabilisation of greenhouse gas concentrations, Report of the International Scientific Steering Committee. Met Office. 10 May 2005. Retrieved 15 March 2007. http://www.g8.utoronto.ca/environment/2005steeringcommittee.pdf

149. Marcott, S.A., Shakun, J.D., Clark, P.U., and Mix, A.C., A reconstruction of regional and global temperature for the past 11,300 years. *Science, 339*, 1198–1201, 2013.

150. World Bank, *Turn down the heat: climate extremes, regional impacts, and the case for resilience—full report*. Washington D.C., 2013. http://documents.worldbank.org/curated/en/2013/06/17862361/turn-down-heat-climate-extremes-regional-impacts-case-resilience-full-report

151. McGlade, C., and Ekins, P., The geographical distribution of fossil fuels unused when limiting global warming to 2°C. *Nature, 517*, 187–190, 2015.

152. Pritchard, H.D., Ligtenberg, S.R.M., Fricker, H.A., Vaughan, D.G., van den Broeke, M.R., and Padman, L., Antarctic ice-sheet loss driven by basal melting of ice shelves. *Nature, 484*, 502–505, 2012.

153. Khan, S.A., Kjær, K.H., Bevis, M., Bamber, J.L., Wahr, J., Kjeldsen, K.K., Bjørk, A.A., Korsgaard, N.J., Stearns, L.A., van den Broeke, M.R., Liu,

L., Larsen, N.K., and Muresan, I.S., Sustained mass loss of the northeast Greenland ice sheet triggered by regional warming. *Nature Climate Change, 4*, 292–299, 2014.

154. Favier, L., Durand, G., Cornford, S.L., Gudmundsson, G.H., Gagliardini, O., Gillet-Chaulet, F., Zwinger, T., Payne, A.J., and Le Brocq, A.M., Retreat of Pine Island Glacier controlled by marine ice-sheet instability. *Nature Climate Change, 4*, 117–121, 2014.
155. Pollard, D., DeConto, R.M., and Alley, R.B., Potential Antarctic ice sheet retreat driven by hydrofracturing and ice cliff failure. *Earth and Planetary Science Letters, 412*, 112–121, 2015.
156. DeConto, R.M., and Pollard, D., Contribution of Antarctica to past and future sea-level rise. *Nature, 531*, 591–597, 2016.
157. Bindoff, N., Rintoul, S., and Haward, M., Position analysis: climate change and the Southern Ocean. *ACE CRC Oceans Position Analysis, 2011*, ISBN 978-0-9871939-0-2, 2011.
158. http://www.antarcticglaciers.org/glaciers-and-climate/ice-ocean-interactions/marine-ice-sheets/
159. Bougamont, M., Christoffersen, P., Hubbard, A.L., Fitzpatrick, A.A., Doyle, S.H., and Carter, S.P., Sensitive response of the Greenland Ice Sheet to surface melt drainage over a soft bed. *Nature Communications, 5*, 5052, doi:10.1038/ncomms6052, 2014.
160. Mengel, M., and Levermann, A., Ice plug prevents irreversible discharge from East Antarctica. *Nature Climate Change, 4*, 451–455, 2014.
161. Greenbaum, J.S., Blankenship, D.D., Young, D.A., Richter, T.G., Roberts, J L., Aitken, A.R.A., Legresy, B., Schroeder, D.M., Warner, R.C., van Ommen, T.D., and Siegert, M.J., Ocean access to a cavity beneath Totten Glacier in East Antarctica. *Nature Geoscience, 8*, 294–298, 2015.
162. Rohling, E.J, Haigh, I.D., Foster, G.L., Roberts, A.P., and Grant, K.M., A geological perspective on potential future sea-level rise. *Scientific Reports, 3*, 3461, doi:10.1038/srep03461, 2013.
163. Church, J.A., and White, N.J., Sea-level rise from the late 19th to the early 21st Century. *Surveys in Geophysics, 32*, 585–602, 2011.
164. Jevrejeva, S., Moore, J.C., Grinsted, A., and Woodworth, P.L., Recent global sea level acceleration started over 200 years ago? *Geophysical Research Letters, 35*, L08715, doi:10.1029/2008GL033611, 2008.
165. Rignot, E., Velicogna, I., van den Broeke, M.R., Monaghan, A., and Lenaerts, J., Acceleration of the contribution of the Greenland and Antarctic ice sheets to sea level rise. *Geophysical Research Letters, 3*, L05503, doi:10.1029/2011GL046583, 2011.
166. Goodwin, P., Haigh, I.D., Rohling, E.J., and Slangen, A., A new approach to projecting 21st century sea-level changes and extremes. *Earth's Future, 5*, 240–253, 2017.

167. Hanson, S., Nicholls, R., Ranger, N., Hallegatte, S., Corfee-Morlot, J., Herweijer, C., and Chateau, J., A global ranking of port cities with high exposure to climate extremes. *Climatic Change, 104*, 89–111, 2011.

Kapitel 6

168. http://www.skepticalscience.com/weathering.html
169. http://en.wikipedia.org/wiki/Enhanced_weathering
170. Liu, Y.Y., van Dijk, A.I.J.M., de Jeu, R.A.M., Canadell, J.G., McCabe, M.F., Evans, J.P., and Wang, G., Recent reversal in loss of global terrestrial biomass. *Nature Climate Change, 5*, 470–474, 2015.
171. Erb, K.H., Kastner, T., Plutzar, C., Bais, A.L., Carvalhais, N., Fetzel, T., Ginrich, S., Haberl, H., Lauk, C., Niedertscheider, M., Pongratz, J., Thurner, M., and Luyssaert, S., Unexpectedly large impact of forest management and grazing on global vegetation biomass. *Nature, 553*, 73–76, 2018.
172. Larrasoaña, J.C., Roberts, A.P., and Rohling, E.J., Dynamics of green Sahara periods and their role in hominin evolution. *PLoS ONE, 8*, e76514, doi:10.1371/journal.pone.0076514, 2013.
173. http://www.highstand.org/erohling/DarkMed/dark-title.html
174. Rohling, E.J., Marino, G., and Grant, K.M., Mediterranean climate and oceanography, and the periodic development of anoxic events (sapropels). *Earth Science Reviews, 143*, 62–97, 2015.
175. De Lange, G.J., Thomson, J., Reitz, A., Slomp, C.P., Speranza Principato, M., Erba, E., and Corselli, C., Synchronous basin-wide formation and redox-controlled preservation of a Mediterranean sapropel. *Nature Geoscience, 1*, 606–610, 2008.
176. Meijer, P.Th., and Krijgsman, W., A quantitative analysis of the dessication and re-filling of the Mediterranean during the Mediterranean Salinity Crisis. *Earth and Planetary Science Letters, 240*, 510–520, 2005.
177. http://wps.prenhall.com/wps/media/objects/7002/7170523/FG03_04.JPG
178. Peters, G.P., and Geden, O., Catalysing a political shift from low to negative carbon. *Nature Climate Change, 7*, 619–621, 2017.
179. Cressey, D., Geochemistry: Rock's power to mop up carbon revisited. *Nature, 505*, p. 464, 2014.
180. http://en.wikipedia.org/wiki/Dunite
181. http://topochange.cr.usgs.gov/ranking.php
182. http://www.world-nuclear.org/information-library/energy-and-the-environment/clean-coal-technologies.aspx
183. http://avoid-net-uk.cc.ic.ac.uk/wp-content/uploads/delightful-downloads/2015/07/Planetary-limits-to-BECCS-negative-emissions-AVOID-2_WPD2a_v1.1.pdf

184. Kato, E., and Yamagata, Y., BECCS capability of dedicated bioenergy crops under a future land-use scenario targeting net negative carbon emissions, *Earth's Future, 2,* 421–439, 2014.
185. Williamson, P., Scrutinize CO_2 removal methods. *Nature, 530,* 153–155, 2016.
186. Griscom, B.W., Adams, J., Ellis, P.W., Houghton, R.A., Lomax, G., Miteva, D.A., Schlesinger, W.H., Shoch, D., Siiämaki, J.V., Smith, P., Woodbury, P., Zganjar, C., Blackman, A., Campari, J., Conant, R.T., Delgado, C., Elias, P., Gopalakrishna, T., Hamsik, M.R., Herrero, M., Kiesecker, J., Landis, E., Laestadius, L., Leavitt, S.M., Minnemeyer, S., Polasky, S., Potapov, P., Putz, F.E., Sanderman, J., Silvius, M., Wollenberg, E., and Fargione, J., Natural climate solutions. *Proceedings of the National Academy of Sciences of the USA, 114,* 11645–11650, 2017.
187. Beerling, D.J., Leake, J.R., Long, S.P., Scholes, J.D., Ton, J., Nelson, P.N., Bird, M., Kantzas, E., Taylor, L.L., Sarkar, B., Kelland, M., DeLucia, E., Kantola, I., Muller, C., Rau, G., and Hansen, J., Farming with crops and rocks to address global climate, food and soil security. *Nature Plants, 4,* 138–147, 2018.
188. Renforth, P., and Henderson, G., Assessing ocean alkalinity for carbon sequestration. *Reviews of Geophysics, 55,* 636–674, 2017.
189. Ten Berge, H.F.M., van der Meer, H.G., Steenhuizen, J.W., Goedhart, P.W., Knops, P., and Verhagen, J., Olivine weathering in soil, and its effects on growth and nutrient uptake in ryegrass (*Lolium perenne* L.): a pot experiment. *PLOS ONE,* 7, e42098, 2012.
190. Fasihnikoutalab, M.H., Westgate, P., Huat, B.K.K., Asadi, A., Ball, R.J., Nahazanan, H., and Singh, P., New insights into potential capacity of olivine in ground improvement. *Electronic Journal of Geotechnical Engineering, 20,* 2137–2148, 2015.
191. http://www.drawdown.org

Kapitel 8

192. Kelley, C.P., Mohtadi, S., Cane, M.A., Seager, R., and Kushnir, Y., Climate change in the Fertile Crescent and implications of the recent Syrian drought. *Proceedings of the National Academy of Sciences of the USA, 112,* 3241–3246, 2015.
193. Weninger, B., Clare, L., Rohling, E.J., Bar-Yosef, O., Boehner, U., Budja, M., Bundschuh, M., Feurdean, A., Gebel, H.G., Joeris, O., Lindstaedter, J., Mayewski, P., Muehlenbruch, T., Reingruber, A., Rollefson, G., Schyle, D., Thissen, L., Todorova, H., and Zielhofer, C., The impact of rapid climate change on prehistoric societies during the Holocene in the Eastern Mediterranean. *Documenta Praehistorica, 36* (Neolithic Studies 16), 7–59, 2009.

194. Medina-Elizalde, M., and Rohling, E.J., Collapse of classic Maya civilization related to modest reduction in precipitation. *Science, 335*, 956–959, 2012.
195. Cline, E.H., *1177 B.C.: The year civilization collapsed*. Princeton University Press, Princeton, U.S.A., ISBN978-0691-14089-6, 237 pp., 2014.